编著／潘锋

摄影用光与构图

上海人民美术出版社

目录

前言

目录

第八章　摄影艺术理论

《摄影用光与构图》的作者是中国高等教育学会摄影教育专业委员会委员、上海交通大学和北京摄影函授学院特聘教授潘锋先生。他于1978年起从事摄影教学工作，并编著出版了数十本摄影教材，发表了50多篇摄影艺术短评。此次以辞语图解的形式——用文字的叙述、图片的佐证、实践的案例来更好地帮助读者学习、理解和掌握摄影用光与构图的知识要点。

本书概述了摄影的起源与发展的三个阶段以及中外著名摄影师的代表作品，着重对摄影用光和摄影构图两个章节做了较为翔实的阐述和指导，尤其对平时容易错认和误解的"曝光"与"用光"进行了解析。"曝光"是摄影过程中的一个步骤，它主要是为了取得高品质的影像；而"用光"则是摄影中的一种造型技艺，它为的是在平面构成的画面中能很好地呈现出三维的视觉语境。

在拍摄实践的过程中，作者告诉读者一定要先了解和掌握两大技法要点，即"掌握好感光宽容度与被摄物光比的关系"和"运用摄距、焦距、光圈，调控好被摄物在画面中的景深范围"，从而提高摄影技术与作品水准。书中还以多种不同形式的作品，讲述了怎样运用好摄影人的"第三只眼睛"来进行摄影的创作实践，特别是最后两个章节，选用了十多个不同意境的主题作品和系列组照，展现了画面影像所表现的艺术、哲理、象征、寓意、比拟的创作技法和创作思想，以便读者在实践中去借鉴、掌握和提升摄影创作的能力。

思考与练习:

? 1. "摄影"这两个汉字与本篇教程的主题(用光与构图)有怎样的关系?

2. "达盖尔摄影术"与"卡罗式摄影法"的特征各是什么?

第一章　影像采录的概述

一、辞解摄影的艺术特征

　　摄影，就是我们在日常生活中俗称的"拍照"。1851 年，英国人托马斯·韦奇伍德（Thomas Wedgwood， 1771—1805）带着照相机来到我国，由此中国人知道了有一种叫作"photo"的影画。人们可以用照相机经过聚焦和曝光来获得一张图像清晰、形象逼真的相片。但是这种相片只是一种明信片式的照片，更谈不上是艺术层面的摄影作品。摄影作为一门学科艺术，讲究取景、构图、用光等技术与技法元素；然而从"photo"这个单词的词形解读，或者即便是从它的每个字母（P、H、O、T）所能组合的单词解析，它们都完全不能诠释摄影的任何造型元素。

　　现在让我们通过中文的"摄影"来认识摄影的本质特征吧。"摄影"这两个汉字是非常有讲究的。众所周知，照相是人们通过照相机上的光圈、快门、聚焦等项的组合和调整来完成的，这些就是"摄"字左部的"扌"，它自然是强调了摄影具有动手操作的特性。那么如何去实施呢？首先你必须通过眼睛去寻找所要拍摄的题材，即取景，观察与发现美的画面及典型的事件作为你的被摄对象，这就需要用到眼睛，即"目"。然而你还不能盲目地随意取景，对于眼中看到的大千世界你还得运用景别、视角等方法对所需摄取的画面进行甄别与取舍，这就是摄影的构图。构图的过程不是机械和单一的，需要我们多角度、全方位地去洞察与捕猎，这就该将"目"

45°的前侧光在山体上形成的明暗，使得画面中的山体产生了视觉上的立体感

45°的后侧光在地面上形成的投影，使得人和牦牛在地面上形成了直立的空间感

字向四周延伸，便成了"耳"字。此外，"摄"字右下方的两个"又"字，则告诉我们学习和掌握摄影的技能，还必须一次又一次反复实践，才能达到娴熟并取得成功。

在摄影中，我们不是把一切被摄对象都称为景物吗？这就是"影"字左部的"景"字；摄影又称光画，讲究光影的艺术造型，那"影"字右部的三撇，犹如斜向的 45° 前侧光和斜向的 45° 后侧光及其所形成的投影。这正是摄影艺术最本质的造型元素——光与影，也正由此，原本平面而平淡的摄影画面给人以光影、明暗、透视、质感及三维的立体视觉感。

二、摄影成像的原理与形式

（一）摄影的成像原理

摄影成像源于"小孔成像"，据古史记载，墨翟在《墨经》中就记录了春秋战国时期，已有人运用小孔成像的原理来描绘投射到陶器上图案的影纹了。

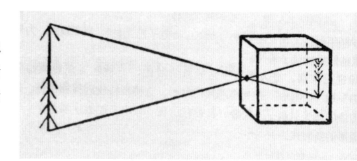

小孔成像

（二）摄影的成像形式

1. 模拟成像

模拟成像也叫银盐感光成像，它是用涂有卤化银的感光材料通过相机镜头聚焦和曝光以后，将拍摄的景物记录在感光胶片上而模拟生成实际景物的模拟影像。

2. 数字成像

数字成像也叫电子数字成像，它是用光电耦合器将通过照相机镜头结成影像的数据，转化成为电子数字信号，然后通过计算机系统把它还原成光影的技术。

我们说摄影成像的过程，基本有下面两种获取影像的形式。一是传统的胶片摄影，是运用银盐型和染料型的感光材料通过光学、机械学或是电子学、化学等技术手段，运用取景、构图、立意、用光等艺术造型的元素和拍摄曝光而完成影像采集的。二是当代的数字摄影，它是通过光电型的数字芯片（以 CCD 为元件的芯片或是以 CMOS 为元件的芯片），再经过光学、电子学、数字学等技术手段，然后运用取景、构图、立意、用光等艺术造型的元素和拍摄曝光来完成影像的采集。

综上所述，摄影就是一门使用感光器材，运用各种技艺的手法而取得的表现自然与人文的影像艺术学科。

（三）传统摄影与数字摄影的比较

图像的采集、输出与保存	传统摄影	数字摄影
拍摄采集	感光度、白平衡、文件大小都已由所用的胶卷定好了，是不可调整的。	可随意调整感光度、白平衡、文件大小。
	拍摄后的好坏难以保证，须冲洗以后才能确定。	拍摄后可即刻验看图像效果，如果不好则可以立刻重拍。
后期处理	化学胶卷拍摄后要冲洗胶卷，在显影和定影时需配方、控温、定时，并且对工作环境要求苛刻，必须在暗室中进行，药液又对环境产生污染。	光电CCD或CMOS拍摄后无须冲洗，无污染，对工作环境没什么特殊要求。
	后期进行影像处理时费时、费工又很困难，效果还不如数字图像处理得好，而且在二次冲洗时再次对环境产生污染。	后期图像处理快捷、省工、易做，效果又远比传统的方法好。
图像传送	先要冲洗胶片取得底片，再经扫描和网络传递，时效低，图像精度又折损。	可通过电脑网络传递，甚至用手机直接发送；传送快捷方便、时效高，图像保真，像质毫无影响。
影像保存	胶片一是易受潮霉变，二是色彩随着时间的久长会褪变，从而影响像质。	储存性好。刻录成光盘，可长期保存，其数据无损于像质。

思考与练习:

1. 感光材料的发展分别经历了哪三个时代?

2. 在当下的摄影中,人们还在使用的有哪两种感光材料?

第二章 摄影发展的概述

摄影最基本的原理是基于景物的感光成像。这种感光成像又来自照相机和感光材料的发明与发展。

一、照相机的诞生与发展

（一）小孔暗盒与透镜暗箱

1. 照相机起源于小孔暗盒，外界的实际景物通过小孔在暗盒的后背形成一个呈中心对称（即上下颠倒、左右相反）的影像。

2. 1816 年，法国人尼埃普斯（Joseph Nicéphore Nièpce，1765—1833）发明了世界上第一个照相机镜头"人工魔眼"。

（二）现代照相机的发明

1. 1839 年，在法国画家达盖尔（Louis Jacques Mand Daguerre，1787—1851）发明了银版摄影法的同时，世界上出现了第一台真正的照相机，一台装有新型透镜的伸缩木箱照相机。

2. 1844 年，马坦斯（Marters）在巴黎发明了世界第一台转机，这台相机依靠镜头的转动，可以拍摄 150° 视角的全景照片。

3. 1888 年，美国柯达公司的乔治·伊斯曼（George Eastman，1854—1932）将卤化钼乳剂均匀涂在明胶片上，新型感光材料（胶卷）产生。同年，柯达公司推出了世界上第一台胶卷照相机（柯达号）。

4. 1913 年，德国莱兹公司的奥斯卡·巴纳克（Oskar Barnack，1879—1936）为测试电影胶片的感光度，试制了小型徕卡 U 型照相机，这就是世界上第一台使用 35 毫米胶片的相机，从此摄影史拉开了新的一页。

5. 1929 年，德国禄莱公司生产的禄莱 120 双镜头反光照相机受到广大摄影者的欢迎，并在一段时期内独领风骚。之后德国又生产了以哈萨为品牌的 120 单镜头反光照相机。

透镜暗箱照相机

哈苏无反数字照相机

现代高端照相机——哈苏中画幅数码照相机

6. 进入 20 世纪后半叶，随着机械工业和电子工业的发展，日本生产了以尼康、佳能、美能达、奥林巴斯等品牌为代表的 135 照相机。

7. 我国也从二十世纪五六十年代起试制和生产了一批机械照相机，例如海鸥牌 135、海鸥牌 120 相机，还有上海、北京、红旗、珠江、东风、虎丘、红梅等品牌的照相机。

二、感光材料的发展历程

和摄影的小孔成像的起源一样，传统摄影中的感光卤化物也是中国古人发现的。我们可以在苏东坡的《物类相感志》中看到"盐卤窗纸上，烘之字显"的记录。胶片摄影的时代不就是卤化银感光吗？胶片中涂的溴化银，照相纸上涂的氯化银，它们不都是盐类吗？

（一）湿板感光时代

摄影的初期，拍照都要现拍现做感光板，且必须在板湿的状态下进行拍摄，才能完成拍摄感光。

 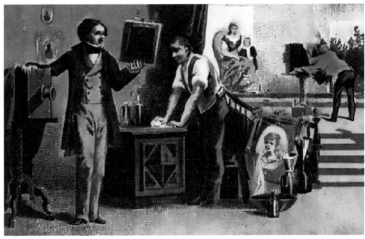

窗外景色，1826　　　　　　　　　　　　　　　　　　湿板时代的摄影场景

1. 湿板感光时代几位伟大的摄影先驱

（1）法国人尼埃普斯用日光胶版术，于1824年在室内拍摄了世界上第一张正像照片《餐桌》。1826年，他在室内通过窗口向外拍摄了现今世界上保存下来的最早的照片《窗外景色》。它是用乳白色的沥青制作的感光材料，在阳光下曝光了8个小时才完成的。

（2）法国人达盖尔于1839年发布了银板摄影术（把景物直接拍成正像，那时曝光需要15分钟左右）。

（3）英国人塔尔博特（William Henry Fox Talbot，1800—1870）于1840年前后发明了卡罗式摄影法（先把景物拍成负像，再印成正像）。

（4）英国人F.S.阿切尔（Fredrick Scott Archer，1813—1857）于1851年发明了火棉胶硝酸银湿板，把曝光时的拍摄时间缩短为1~2分钟。

尼埃普斯　　　　　　　达盖尔　　　　　　　塔尔博特　　　　　　　阿切尔

2. 湿板感光时代的各种感光材料

（1）感光物的发现及其实验（18 世纪）

a.1727 年，德国医学教授约翰·海因里希·舒尔茨（Johann Heinrich Schulze，1687—1744）发现硝酸银有感光性能。

b.1777 年，瑞典人卡尔·威廉·席勒（Carl Wilhelm Scheele，1742—1786）首次研究了太阳光与氯化银之间的关系。

（2）尼埃普斯的日光胶版术（1824 年）

a. 将沥青溶解于薰衣草油中；

b. 然后涂在锡基合金板上；

c. 放入暗箱进行摄影；

d. 最后在挥发油的混合液中显像。

（3）达盖尔银版摄影术（1839 年）

a. 将一块铜板磨光后镀银；

b. 浸入硝酸液内，然后置于碘蒸气下生成碘化银；

c. 放入暗箱摄影（形成潜像）；

d. 接触水银蒸气显像；

e. 在盐水（后改为大苏打）中定影。

（4）塔尔博特的卡罗式摄影法（1840 年前后）

a. 先将纸基浸入硝酸银溶液，再浸入碘化钾溶液内；

b. 为增加感光度，往上涂一层没食子酸与硝酸银的混合液；

c. 放入暗箱拍摄；

d. 涂上没食子酸和硝酸银的混合液显影；

e. 在硫代硫酸钠（大苏打）中定影。

（5）阿切尔的火棉胶湿板术（1851 年）

a. 在火胶棉内加入碘化钾，制成碘化胶棉；

b. 将经过充分研磨的碘化胶棉均匀地涂在透明玻璃板上；

c. 把玻璃板浸入硝酸银溶液中形成碘化银，使之具备感光性能；

d. 从溶液中取出玻璃板直接放入暗箱摄影；

e. 在硫酸亚铁或焦性没食子酸溶液中显影；

f. 用氰酸钾或大苏打定影。

（二）干板感光时代

进入这一时期，人们在拍照时使用的都是事先做好的干燥的感光材料。

1. 1871 年，英国医生 R.L.马多克斯（Richard Leach Maddox，1816—1902）发明了明胶溴化银干板，取代了火棉胶湿板，把曝光时间降到了 1/25 秒。

2. 1880 年，美国人伊斯曼在纽约开设了"伊斯曼干板公司"（柯达公司的前身），1891 年生产了世界上最早的软片胶卷。

3. 自 20 世纪初叶起，感光材料的改进促进了照相机的发展。20 世纪 80 年代之后，感光胶卷成像的照相机已经具备了自动对焦、自动曝光、自动卷片等先进功能，同时产生了黑白与彩色的高感光度与细颗粒的感光胶片，并且都发展到了一个极高的水准，产品一直生产和使用至今，与今天的数字相机共存。

伊斯曼

（三）光电感光时代

1. 1986 年，柯达公司发明了世界上第一块电子感光材料（CCD），为日后数字相机的问世开创了必要的条件。

2. 20 世纪末期进入了数字化影像的时代，一种叫作电荷耦合器件"CCD"的光电芯片问世了。这种高科技的照相机彻底抛弃了传统的感光材料——胶卷，将镜头形成的光信号转化成"0 和 1"组成的数字信号记录下来，再经过 D/A 转换器生成可视的正像。目前它正在方兴未艾的数字世界中引领数字摄影的新时代。

思考与练习：

? 1. 完全无视差的是哪种照相机？

2. 了解常用的特效镜头，并跟着书中的指导，试着用它们进行
拍摄。

第三章 摄影器材

一、照相机及其种类

（一）按取景形式分

1. 旁轴取景照相机（平视取景照相机）

旁轴取景照相机基本特点：

（1）由于没有反光镜而无机振现象；

（2）用闪光摄影时快门全程同步；

（3）大部分此类相机不能更换镜头；

（4）该机取景与拍摄时存有较大视差。

D-P 单镜头旁轴取景照相机

2. 反光取景照相机（此类相机又分为单镜头反光取景照相机和双镜头反光取景照相机两种）

反光取景照相机基本特点：

（1）此类相机可以更换镜头；

（2）取景与拍摄时几乎没有视差；

（3）由于设有反光镜而有机振现象；

（4）用闪光摄影时快门必须设置在同步档内。

D-F 单镜头反光取景照相机　　　　　　S-F 双镜头反光取景照相机

3. 视屏取景照相机（数字照相机）

视屏取景照相机基本特点：

（1）没有反光镜的此类照相机无机振现象，有反光镜的此类照相机则存在机振现象。

（2）焦平面快门的此类照相机，用闪光摄影时快门必须设置在同步档内；镜间快门的此类照相机，用闪光摄影时则快门全程同步。

（3）镜间快门的此类照相机，取景与拍摄时均存有较大视差；焦平面快门的此类照相机，取景与拍摄时则几乎没有视差。

（4）镜间快门的此类照相机大部分不能更换镜头，焦平面快门的此类照相机则能更换镜头拍摄。

S-P 视屏取景照相机（数字照相机）

4. 直视取景照相机（专业名称"技术相机"，俗称"座机"）

（1）由于没有反光镜而无机振现象；

（2）用闪光摄影时快门全程同步；

（3）此类照相机能更换各种镜头；

（4）取景与拍摄时没有视差；

（5）此类照相机可依托皮腔的调整而纠正各种视角的景物变形。

可回缩的皮腔

镜头

可折叠的基座

双轨座机   单轨座机

（二）按快门结构分

1. 焦平面快门照相机（即上述的单镜头反光取景照相机）

2. 中心快门照相机（也叫镜间快门照相机、旁轴取景照相机、平视取景照相机）

（1）单镜头平视取景 135 照相机或单镜头平视取景 120 照相机

（2）中画幅单镜头反光取景 120 照相机

（3）双镜头反光取景 120 照相机

（4）专业技术照相机（座机）

（三）按成像片幅分

1. 135 照相机：FX 片幅 24mm × 36mm 和 DX 片幅 23.9mm × 36mm 规格

2. 120 照相机：片幅有 60mm × 40mm、60mm × 60mm、60mm × 45mm、60mm × 70mm、 60mm × 90mm 等不同规格

3. 专业技术照相机（大画幅照相机）：片幅有 3 英寸、5 英寸、7 英寸、10 英寸、12 英寸、14 英寸等多种规格

（四）按感光材料分

1. 传统底片照相机（即使用感光底片的模拟成像照相机）

2. 数字芯片照相机（即使用感光芯片的数字成像照相机）

二、照相机镜头与附件

（一）常规镜头

1. 标准镜头

标准镜头是以人眼的透视效果为标准的镜头，运用的范围较广，所摄的图像基本不变形。但是各种画幅大小不同的照相机的标准镜头焦距也是不一样的。

（1）135 画幅的照相机标准镜头的焦距为 50~60cm。

（2）120 画幅的照相机标准镜头的焦距为 75~90cm。

55mm f/2.8

135 照相机标准镜头

135 照相机广角镜头

2. 广角镜头

比标准镜头焦距短的镜头称为广角镜头，这种镜头视角大、成像小、景深大，在近距离或是仰摄的时候影像易变形，它常用于较广视角或是故意想要夸张和变形的画面形象的拍摄。

（1）135 画幅照相机广角镜头的焦距为 35~28mm，28~12mm 为超广角镜头，还有一种焦距更短的叫鱼眼镜头。

（2）120 画幅照相机广角镜头的焦距为 50~60mm。

3. 中焦镜头

中焦镜头指焦距大于标准镜头焦距的镜头。中焦镜头视角较小，成像要比标准镜头大，景深则比标准镜头略小一些。因为它的成像能够保持基本不变形，因此常用于拍摄人像艺术照片。

（1）135 画幅照相机中焦距通常是 70~135mm。

（2）120 画幅照相机中焦距通常是 135~180mm。

4. 长焦镜头

焦距大于中焦镜头的则称为长焦镜头，这种镜头的视角更小，成像要比中焦镜头大，景深则比中焦镜头的还要小；它常用于拍摄那些距离较远、难以靠近的景物，另外也用它来拍摄景深很小、虚实对比强烈的景物。

（1）135 画幅照相机的长焦镜头的焦距约为 200cm。

（2）120 画幅照相机的长焦镜头的焦距为 350~500cm。

5. 远摄镜头

我们通常把在 135 画幅照相机上面用的、焦距在 400cm 以上的镜头称为远摄镜头。这种镜头是用来拍摄距离很远、显得很小的东西，经常被人们用来拍摄鸟类，因此也被称作"打鸟神器"。

135 画幅照相机中焦镜头

Micro 105mm f/4

600mm f/5.6 IF-ED

400mm f/3.5 IF-ED

400mm f/5.6 IF-ED

移轴镜头

Micro 200mm f/4 IF

135 画幅照相机长焦镜头

135 画幅照相机远摄镜头

（二）特效镜头

1. 微距镜头

我们在拍摄特别细小的东西时，总想将镜头靠近拍得大一点，可是靠上去无法聚焦，此时就得采用一种叫作微距镜头的特效镜头来拍摄。这种特效镜头主要用于拍摄昆虫、花卉和细微的静物与广告小品等。

2. 移轴镜头

我们在采用仰角拍摄景物，特别是在拍摄高大建筑物的时候，经常会产生线性的左右畸变，平行的竖线条会呈下宽上窄的形变，此时就需要采用特殊的移轴镜头来拍摄，通过光轴的调整来纠正形变。

（三）滤光镜片

1. UV镜：又名紫外线滤光镜或去雾镜。使用它可以在水边或是晨雾中，提高镜头对于景物，特别是远处景物的能见度，使用时不必做曝光补偿。

2. 偏光镜：又名偏振镜，使用它可以减弱透光玻璃或光亮物体的反光程度。使用它进行彩色摄影时，可以在晴日里压低天空的色调，使之变得更蓝。使用时当镜头的主光轴与太阳近90°的高逆光效果最佳，但需要增加1~1.5级曝光量。

3. 渐变灰镜：又名渐变密度镜，可以说是自然风光摄影中不可缺少的滤光镜。当天空与地面的景物明暗反差太大时，就会损失影像层次的细部表现。如果运用渐变灰镜，把高密度的部分置于天空的高光部分，而把透明的部分放在地面的低光部分，就可以人为地缩小景物的光比，在拍摄的时候获得亮部与暗部层次都较丰富的影像。

特别建议，大家最好能备有两块灰密度稍差0.5~1级的渐变灰镜，这样当你在遇到天空、地面、水面的时候，就得同时一上一下用两块渐变灰镜来对天空和水面加密度，使之共同缩小与地面景物的光比，从而取得很好的层次表现。

4. 橙红滤镜：这也是一种非常实用的风光摄影滤色镜。拍彩片时，你可以用它在阴天、雨天或是苍白的晴天，营造出一种模拟日出或是日落时的天色与氛围；拍黑白片时，你又可以用它使浅白的天色呈深灰颜色，让白云更加突出。使用橙红滤镜拍摄时需增加2级曝光量。

5. 橙黄滤镜：它的效果与橙红滤镜类同，只是拍彩片时色泽偏黄些，拍黑白片时天色呈中灰颜色，使用橙黄滤镜拍摄时需增加1级曝光量。

6. 大红滤镜：这是一种专用于黑白摄影的滤光镜，它能使蓝天变黑，所以通常用于"日拍夜景"效果的照片，但是在拍摄时需要增加3级曝光量。

7. 星光镜：又名芒光镜，它可使摄入画面的点光源（太阳、月亮、星星、电灯和逆光下的水点波光）产生光芒四射的效果。由于它是无色透明的，因此无须曝光补偿。

我们在商店里买的星光镜有时不能满足漫天星光的效果，如拍摄"万家灯火"或是"繁星闪烁"的景象就不能为力。其实我们完全可以自己动手，用一小块针织的丝袜小片，像刺绣的网格那样绷在照相机镜头前面，那么无数个十字交叉的光点就会形成光芒四射的效果了。

思考与练习：

 1. 这些摄影大师们当时所处的时代、环境和他们的作品有什么
关联?

2. 了解这些摄影名作画面中的表现技艺以及发挥的意义。

第四章 摄影大师眼中的光影美学

一、郎静山（1892—1995）

郎静山是国际著名的集锦摄影艺术大师，祖籍浙江兰溪，生于中国江苏淮阴。他从小就在父亲的书画和照相艺术熏陶下成长。郎静山在上海南洋中学读书时，师从美术老师李靖兰，学会了摄影和暗房技艺，从此就和摄影结下了终生之缘。后来，郎静山先后进入上海《申报》和《时报》，成为中国最早的摄影记者。他虽以纪实摄影的记者为业，但以画意摄影作品见长。他借鉴传统绘画艺术的法则，摄制了许多具有中国水墨画韵味的风光照片，并将其各个精华的部分运用暗房技法汇集在同一张照片上，使之成为具有强烈中国画韵味的摄影作品。

郎静山

松荫高士

鹿苑长春

郎静山的《松荫高士》《鹿苑长春》两幅集锦摄影作品均运用了中国画的布局，先采用局部的"留白"，为后来二次创作的"集锦"留置了空位，同时也借组合进来的景物作为"秤砣"，使画面得以平衡。在此，最重要的是前后两次的景物在光线和影调上的一致性，并有大师高超的暗房技艺，才做得如此天衣无缝、珠联璧合。

1934 年，郎静山的第一幅集锦摄影作品《春树奇峰》入选英国摄影展览。从此，郎静山创立的集锦摄影在世界摄坛上独树一帜。正如他所说，"集锦照相，即选择摄影多张底片中的景物参融于一纸，亦即舍画面之所忌，而取画面之所宜者之成也"。郎静山的早期创作，多是表现佛门的幽静、独坐的汲水赏溪之人、山水风光、古典建筑，以及以鹤、鹿为题材的作品。20 世纪 60 年代起，郎静山转而创作带人物的风景，国画大师张大千成了他的模特儿。郎静山的集锦摄影，仿国画、重意境、尊古法，是中国绘画风格和摄影技法的统一，既具有个人的艺术风格，又有着鲜明的民族特色。

春树奇峰

二、吴印咸（1900—1994）

吴印咸是中国著名纪实摄影家、电影摄影家，原名吴荫诚，江苏沭阳人。1922年毕业于上海美术专科学校，后在上海担任过美术教员、画师和照相馆摄影师。1932年进入上海天一影片公司任美工，1935年起先后在电通影业公司和明星电影公司任摄影师。拍摄过《风云儿女》《马路天使》等名作。

吴印咸

吴印咸于1938年前往延安，任八路军总政治部电影团摄影队长，拍摄了《延安与八路军》《南泥湾》《白求恩大夫》等纪录片。1946年调至东北电影制片厂，担任技术部长、厂长等职，此间组织拍摄了《桥》等新中国第一批故事片，后又调至北京电影学院，担任副院长兼摄影系主任。

吴印咸的这幅《白求恩》，在构图上是一幅典型的以第二主体共同围绕着第一主体（整个画面的中心）之形式，展开叙事的战时纪实作品。作为陪体的场景向我们交代了这不是一个正规的医疗手术室，而是将一个敞开的破庙作为战地抢救的手术台，体现了战时的紧急、战地的艰苦，更体现了白求恩那毫不利己、专门利人的高尚品格。他的另一幅摄影作品《兄妹开荒》在构图上采用了中远景的画面，把背景中在观看表演的一大片八路军战士与正在表演的主体人物有机地摄入画面，很好地交代了画面的场景；另外，在用光上采用了侧面光形成的投影，使画面产生了立体的视觉感。

白求恩

兄妹开荒

三、陈复礼（1916—2018）

陈复礼

中国人民政治协商会议委员会原委员，中国文化艺术界联合会荣誉委员，中国摄影家协会第三、四、五届副主席陈复礼先生，是一位充满诗意的画意摄影大师。他在一生的摄影艺术道路上将写意与写实的创新风格相结合，寻求自然美和社会美，将画意摄影推向"诗化"，缘心感物，借景言情，以物咏志，从而登上了艺术的高峰，成为摄影艺术民族化的杰出代表，被誉为"摄坛王维"。他的作品曾 200 多次在国际摄影展中获奖。

陈复礼学识渊博，底蕴丰厚，融会贯通，善于发现美，勇于捕捉美，长于表现美。他的风光摄影巧妙地加入国画、书法、篆刻、诗歌等元素，从而使作品别具一格，洋溢着浓厚的中国特色、中国趣味。在他的镜头下，漓江的晨雾、西湖的朝霞，黄山的云海、武夷的翠峰，绍兴的水乡、苏州的园林，羊城的红棉、婺源的黄花，天山的雪白、南海的蔚蓝，梵净山的秀丽、井冈山的神奇……那一幅幅充满诗情画意的作品，让海外游子倍感亲切、引以为豪，也使外国游客赞叹不已、纷至沓来！

长寿

黄山

古松

陈复礼的画意摄影寻求一种自然之美，形成了写意与写实相结合的风格。作品《古松》在大雾天利用空气透视，使得近景中的景物色泽较深，而远处的景物色泽渐渐地变浅，仿似水墨的笔触，清晰的前景与朦胧的中远景相得益彰，刻画了古松那苍劲的风格。另一幅作品《长寿》运用了中国画中的"三分法"布局，下方作了大面积的"留白"。这样的构图仿佛告诉我们，这些象征着长寿的仙鹤从远方跋涉而来，正展望着即将要远行的征程。两幅作品一松一鹤、珠联璧合，演绎了我们民族的祈愿——松鹤长寿。

四、爱德华·韦斯顿
（Edward Weston，1888—1958）

爱德华·韦斯顿

爱德华·韦斯顿是一位世界著名的摄影家，他被人们称作"摄影界的毕加索"。韦斯顿从小在父亲的影响下，对摄影产生了极大的兴趣，18 岁时就在加利福尼亚州开了一家照相馆。韦斯顿一开始也像当时的一些摄影师一样拍一些画意式的照片，但是他那些不经意拍摄的照片，意想不到地在美国和欧洲的摄影展览中连连受到很高的评价。后来他又把注意力集中到了工业风光和建筑风光的拍摄上去了。1923 年他去了墨西哥，摒弃了仿欧洲的现实主义艺术风格，随之用敏锐的眼光、丰富的想象以及巧妙的光影和逼真的形象，拍摄了许多蔬果和昆虫之类的静物作品。1925 年，他在墨西哥的瓜达拉哈拉举办了一个个人展览，并获得了极大的成功。人们为他充满活力的摄影作品所折服，从此爱德华·韦斯顿开始在摄影界名声大振。1931 年，墨西哥的艺术元老奥罗斯科在纽约为韦斯顿策展并指出："韦斯顿的艺术观念已远远超出了常人的想象。"后来，亚当斯和坎宁安等一致推举韦斯顿担任著名的"f／64 摄影小组"的领导者。同年他们在美国旧金山举办的"f／64 摄影展览"引起了巨大的反响。

卷心菜

象征性的创意小品摄影是韦斯顿的一大表现特征，这两幅作品就是他的代表作。《卷心菜》运用高顶光，形象地模拟了西方女性的长波浪发型；《青椒》采用了局部控制的顶侧光，栩栩如生地勾勒了一个酷似男人后背的形象。这些都是源于他对事物具有丰富的联想，并且能够发现美、表现美、创造美的艺术天赋。

1937 年，韦斯顿获得了"古根海姆奖"，他把得到的奖金投入美国西部的创作中去，行程 35000 千米，拍摄了 1500 多张大画幅片子，1937 年整理出版了《加利福尼亚与西部地区》一书。

韦斯顿是一位对生物和自然进行思索和提炼的主观主义摄影家。他说："我的作品并不是大自然的翻版，而是通过对大自然的拍摄来反映自己的心情。""同人类的眼睛相比，照相机的镜头可以看到更多的东西。"因此我们可以说爱德华·韦斯顿是一位大自然的影像哲学家。

青椒

保罗·史川德

五、保罗·史川德
（Paul Strand，1890—1976）

　　保罗·史川德是美国摄影界的元老，他的摄影题材十分广泛，他对人物、风光、静物、纪实报道及抽象摄影都无所不精。他非凡的摄影技艺影响了与他同代和后代的许多大师级的摄影人物，例如人像摄影大师伊文·璠（Irving Penn）、理查德·阿维顿（Richard Avedon）以及名声如雷的风光摄影大师安瑟尔·亚当斯（Ansel Adams）等摄影大家。因此史川德也就被人们尊称为"影像英雄"和"现代摄影之父"。特别要指出的是，以布勒松和柯特兹为代表的报道摄影是 20 世纪 30 年代才开始的，而早在这之前，史川德就已经开拓了自成体系的纪实性报道摄影了。

　　史川德曾经在电影摄影中孜孜不倦地投入了 20 年的时光，并且像他的影像摄影一样取得了出色的成就。由他拍摄制作的影片《海浪 /1934》《西班牙之心 /1940》等都是记录电影的经典之作。1942 年他与他人合作执导并掌机拍摄的影片《本土》还在 1949 年获得了捷克国际电影节大奖。史川德在 53 岁的时候又回归到了影像摄影中。之后他奔走于欧洲和中东各地拍摄照片，随后出版了《新英格兰的时光 /1950》和《活埃及 /1962》等摄影画册。

意大利卢扎拉的全家福

华尔街

　　史川德拍摄的《意大利卢扎拉的全家福》《华尔街》这两幅照片，记录了20世纪20至30年代美国经济大萧条时期的史实。一幅反映了这一时期民众因经济危机、工作困难而无所事事的生活场景，表现了处在困苦中的人们那种凄凉而无奈的神情；另一幅表现了华尔街萧条的景象，你看这些过客身体后面长长的黑色阴影，形影不离地伴随着他们，何时能了啊？

　　史川德始终把镜头对着平民，特别是苦难的土著或乡村的农夫，他用影像描摹他们不平凡的智、仁、勇、真、善、美的高贵情操，和与自己的土地合而为一的田野文化。

　　史川德的人格魅力和他的艺术成就被人们尊重。斯蒂格利茨在史川德27岁时的首次个展中，就评价史川德说道："一个真正由内在做出什么的人，他在失落的东西上加了点什么进去，他预言了摄影的继起之路。"亚当斯这么形容他第一次看到史川德的作品时说："他的照片让我知道，什么才是我该走下去的路。"史川德没有创立过什么门派，也没有一群门徒跟在后面帮腔，更不曾掀起风起云涌的潮流，然而他的影响深远得难以估量。

亨利·卡蒂尔－布勒松

六、亨利·卡蒂尔－布勒松
（ Henri Cartier-Bresson，1908—2004 ）

　　亨利·卡蒂尔－布勒松是世界著名的法国摄影家，这是一位纪实摄影大师。他的名字就是摄影的代号，在摄影术起源的故都法国巴黎的街头，当你背着照相机走在大街上的时候，就会听到有人对旁人说"你看布勒松来了"。还有人常用布勒松的全名(Henri Cartier-Bresson)的缩写"HCB"来表示摄影的最高水准：如果最基础的摄影是入门 ABC，那么最高级的摄影就是HCB。自 1839 年 8 月 19 日达盖尔发布了摄影术之后近一百年间，人们一直在争论一个问题，即：摄影是不是一门艺术？而后半个多世纪因为有了布勒松，大家也就不再争议了。摄影最具记录特性，然而对同一景物表现出不同的视觉画面，这就是艺术的创作和创意所在。

　　摄影的艺术表现有着众多的风格和流派，布勒松融各种流派与风格，创造了"决定性瞬间"的摄影哲学理论，1952 年他出版了《决定性的时刻》一书。1947 年布勒松与三位摄影好友戴维·西蒙、罗伯特·卡帕、乔治·罗杰共同创立了世界著名的摄影团体——玛格南图片通讯社，为世界上各种报刊杂志提供纪实照片。

　　布勒松的一生可以说拍了无数张别人的照片，然而这位摄影史上的怪杰，几乎从不让人拍摄他自己的照片。我们看到的他的肖像，基本上都是照相机挡去了他半个甚至整个脸部的照片，只有在一次接待柯达摄影博物馆馆长包蒙特·纽希尔的时候，他才允许别人拍摄了一张他露脸的正面照，这就是他 1946 年的面容。

比利时布鲁塞尔

于印度的一瞥

布勒松的《于印度的一瞥》《比利时布鲁塞尔》这两幅照片均属于纪实性的作品。一幅是凭着他那敏锐的视觉观察力，发现了两个行为诡异的人在一堵高墙前面那非常难得的瞬间形象，迅捷抓拍而得的画面。另一幅是他在印度拍摄到的难民，他用远走的马车来反衬这对难民母子对于现实生活的思索。我们从这两幅作品中很好地看到了布勒松所提倡的"决定性瞬间"的精准把握和体现。

塞尚曾赞语莫奈："他只是一只眼睛，可是老天哪，这是一只何等厉害的眼睛呀！"这也就是布勒松他自己常说的"一个人必须用心和眼去拍照片"。

安瑟尔·亚当斯

七、安瑟尔·亚当斯
（Ansel Adams，1902—1984）

　　安瑟尔·亚当斯是美国著名摄影家，一位享誉世界的现代风光摄影先驱。亚当斯在摄影发展的道路上，先是得到评论家潘德的赞助和引领，后又从保罗·史川德摄影艺术中受益匪浅。亚当斯曾经说："看史川德的作品是我一生最重要的经验，他的作品是一种观看事物的精致表现，那一瞬间使我领悟到以后该怎么走下去了。"亚当斯是名声显赫的"f / 64 摄影小组"的成员，他们推崇小光圈下极致的焦点、最大的景深和丰富的质感。而后亚当斯又经过刻苦而科学的研究，创立了摄影人众所皆知的"区域曝光"（Zone System）的摄影技艺，他把影像的色界从白到黑分为 10 个不同的密度，拍摄时运用各种滤色镜改变景物的影调从而使黑白摄影中的影像得到最佳的色界与层次的表现，摄影师在拍摄之前就能预先根据想要得到的影调，去优选拍摄曝光和后期冲洗的最佳组合。这些是他于 1930 年编著出版的《基础摄影指南》（ *Basic Photo Books* ）中的精髓。1935 年，伦敦照相出版社为他出版了《照片制作》一书，从而使安瑟尔·亚当斯在国际摄影界名声大振。他是一位摄影艺术大师，也是一位杰出的摄影理论家。

约塞米蒂山脉

约塞米蒂山谷

　　亚当斯的《约塞米蒂山脉》《约塞米蒂山谷》这两张纯摄影的风光作品，都是运用 32~54/f 的小光圈和大画幅照相机拍摄的，这样就最大限度地表现出山体细部质地的质感；特别是他还采用黑白胶片与偏红的滤色镜升华了影调的表现力，在侧顶光的照射下把山岩上粗犷的沙质和节理表现得这样逼真与透彻。

　　亚当斯拍摄的那些渺无人烟的原始山川、森林和荒漠的景色，早就成了美国文化和道德的寓言。许多本来无人知晓的地方由于他所拍摄的照片，现今均已成了著名的国家森林公园和生态保护区。他一生拍摄了四万多张黑白的影像，构筑了一座辉煌的摄影艺术宝库。他创造性地运用了区域曝光技艺，用黑、白、灰三个色阶创作了令人仰望的自然与风光杰作。1984 年，美国政府把加利福尼亚州的约塞米蒂国家公园中的一座山峰命名为"亚当斯峰"。

斯蒂格利茨　　　　　　　　　　　　　　　　　　爱德华·韦斯顿

　　亚当斯同时是一位人像摄影家，只不过他的人像作品很少被人们见到而已，例如他所拍摄的两位恩师的肖像作品《斯蒂格利茨》和《爱德华·韦斯顿》，就是他人物肖像摄影的代表作品。

亚当斯又是一位出色的音乐演奏家，他掌握了多种乐器的演奏方法。1920 年，他 18 岁时就参加了音乐演奏会。所以亚当斯这堪称一流的摄影暗房制作，其实缘于他那精湛的音乐天赋；娴熟而精到的演奏使他知道每一乐章的抑扬顿挫，他将其出神入化地融入他的前期拍摄和后期暗房之中。他就是这样把摄影作为一种艺术的表演，亚当斯曾说："我的摄影生活是钟摆，拍照和放大是钟摆的两端。"

尤金·史密斯

八、尤金·史密斯
（W.Eugene Smith，1918—1978）

　　尤金·史密斯是一位被冠以"当代新闻摄影大师"称号的纪实与报道摄影师。他一生只拍人：拍苦难与穷困的人，拍勇于向命运挑战和需要关心的人。同样引导他步出摄影 ABC 的，就是那个叫作马丁·慕卡西的匈牙利摄影家，因此说史密斯和布勒松是同出一个师门的两位重量级的世界摄影大师。

　　尤金·史密斯创作了战争史上最让人震动的照片。史密斯的照片中对社会不公平的写照深深地影响了美国民众。史密斯的摄影生涯起步于《新闻周刊》，他进入《生活》杂志时年仅 19 岁。由于他坚持使用当时刚刚问世的 6cm×6cm 小型照相机照片，这个刊物竟开除了他。当时这些大杂志都采用大型照相机，讲究照片的精美以迎合读者。史密斯认为使用小型照相机有更大的探索自由，他不满足于那种"景深极大，感情深度不足"的作品，宁肯失业也要进行"自由摄影"。

　　1942 年第二次世界大战开始后，史密斯怀着一心要做战地记者的决心，担任了数种刊物的战区记者。后来他被一家出版公司派往"独立号"航空母舰，采访太平洋战区众多岛屿的战役。著名的《塞班岛》等就是这一时期的作品，他用照相机报道了残酷的战争，自己也在战争中一次又一次地负伤，

塞班岛

乐园之路

西班牙乡村　　　　　　　　　　　　　　　　　　　　　给智子洗澡，水俣

　　终于因伤势严重而返回纽约治疗。两年后，也就是战后的 1946 年，他重新拿起照相机拍摄的第一幅作品就是著名的《乐园之路》，这幅照片在"人类一家"展览会上展出，成为世界知名之作。

　　尤金·史密斯在一生中大约完成了 58 个摄影专题，主题多为人类反战和为社会的不公伸张正义。为表彰他对人性的信念，纽约的国际摄影中心设立了"尤金·史密斯奖"。史密斯一生都在《新闻周刊》、《时代》杂志和《生活》杂志当记者，拍摄了大量引起世人关注的事件的照片，如《西班牙乡村》和《水俣》等人性影像的诗篇。

　　史密斯作品的最大特点是其作品均为关乎人权、人的生命与健康的题材。作品《西班牙乡村》表现了人之终点、临终关怀、悲戚的情感，《给智子洗澡》则是他揭露水俣事件中的一个名叫智子的人饱受了有毒有害的水汽折磨的悲惨写实。两张照片均运用了低沉的影调，刻画和表现了"黑暗时刻"的情景以烘托画面中的事物。

　　尤金·史密斯的太太、日裔美籍爱莲·史密斯也是一位摄影家。就在他们度蜜月去日本水俣小渔村的时候，看到工业废水中的水银致使许多村民中毒及身亡。他们用四年半的时间同村民们比邻而居，吃住在一起，经过深入观察、了解和采访，拍摄了大量村民的疾病和痛苦，由此也给自己招来了严重的祸患，差一点被工厂主派来的打手打死，结果在医院里住了近半年才捡回了一条命。1972 年，他将和爱莲·史密斯用生命得来的图文，发布在《生活》杂志上，引起了全世界对公害的高度重视。尤金·史密斯因拍摄战争受伤，动了 32 次手术，取出 100 多块弹片碎片；在日本的水俣被打得差点失明，遍体鳞伤，然而这位坚强不屈的新闻斗士用他记录的影像为劳苦大众伸张正义的可敬精神获得了世人赞誉。

罗伯特·卡帕

九、罗伯特·卡帕
（Robert Capa，1913—1954）

　　罗伯特·卡帕是一位匈牙利人，他的真名叫安德烈·弗列德曼。1934年，他在法国巴黎炮制出了一个莫须有的世界著名的摄影家"罗伯特·卡帕"，后来又由他当时的女友（而后的太太）姬达·塔罗（Gerda Talo）在巴黎租借了一间办公用房，建立了一个号称美国的年轻摄影好手罗伯特·卡帕的经纪代理公司。他利用塔罗天才的商业演说，以高于市价三倍的片价销售了这位只闻其名、不见其人的摄影高手的照片；接着他们又以同样的手段，在美国"炮制"了一位法国的摄影高手"罗伯特·卡帕"。其实能够取得业绩主要还是取决于卡帕的照片质量。

　　卡帕真正成名还是后来。在日内瓦的一个国际会议上，由于当天发生了突发事件，所有正常采访的记者全部被清除出场。可是那次，卡帕一个人瞒过了瑞士的警察，并且拍摄了许多照片。这一切被当时在场的《考察》杂志的图片主编渥克看在眼里，卡帕所拍的这些照片四天后就被《考察》杂志高价购买了。从此，安德烈·弗列德曼就以罗伯特·卡帕的身份公开亮相了。

　　1936年，法西斯主义在许多国家相继抬头。西班牙佛朗哥发动内战。与当时许多著名人士一样，卡帕参加了人民战线的情报部。卡帕憎恨战争，他决心终生将战争作为他采访的题材。他说他"拍摄战争不是为了追求刺激，而是为了揭露战争的残酷"。和卡帕一起到西班牙采访的还有他的年轻女友塔罗。他们共同奋不顾身地出没于硝烟弥漫的战场，后来塔罗不幸死于坦克履带之下。悲伤的卡帕从此永远凝视和关注着战场，一生拍摄战争题材，以照相机作为揭露战争的武器。正像他说的，"照相机本身并不能阻止战争，但照相机拍出的照片可以揭露战争，阻止战争的发展"。

　　1937年，日本军国主义发动了对中国的全面侵

卡帕在中国抗日战争
期间拍摄的作品

略，第二年卡帕就与《西行漫记》的作者斯诺一同约定赴延安采访。但是到了西安，卡帕受到国民党的阻挠，未能成行。当时他是抗日战争中唯一能在中国战区采访的盟军战地记者，参与了台儿庄战役的拍摄。他在上海等地拍摄了许多揭露日本侵略军罪行的新闻照片并公之于世。后他又去英国、北非、意大利进行摄影采访。

诺曼底登陆，战地摄影作品

卡帕是有史以来最著名、最英勇的战地摄影记者。他的足迹遍布第二次世界大战的各个战场，如诺曼底登陆、日本侵华战争、法国解放战争、西班牙战争、意大利战争、北亚战争等等。罗伯特·卡帕以忘我的热情，甚至不惜以鲜血和生命为代价深入第一线去拍摄，为新闻摄影的形式和内容树立了新的典范。

卡帕的照片均与战争有关，四幅中国题材的作品记录了苦难的百姓涉水逃难、中国军民义愤填膺抗日示威的实况；另外两幅记录了第二次世界大战中著名的诺曼底登陆英勇场面，这两幅照片为第二次世界大战的历史留存了不可多得的珍贵史料。

1943 年春，卡帕来到非洲的阿尔及尔，拍摄沙漠、枪炮、尸体。1944 年 6 月，他随盟军部队开辟第二战场，参加了诺曼底登陆。以后他又到巴黎、柏林等地拍摄了大量极为精彩的报道照片。第二次世界大战结束之后，他接着拍摄战争的废墟和废墟上的人们。1946 年，卡帕与波兰籍的西摩和法国籍的布勒松在纽约组成了玛格南摄影通讯社，后来又陆续加入其他一些著名摄影家，如美国的罗嘉、瑞士的比索夫等。在玛格南通讯社成立后的 30 年中，西方世界任何一个角落发生大事，都有他们的摄影记者在场进行实地拍摄。1954 年 5 月 25 日，这位时年 41 岁的伟大的战地摄影家在越南战场上误踩了地雷而去世。

安德烈·弗列德曼虽然去世了，然而"罗伯特·卡帕"的精神永驻爱好和平的人们的心间，他的那句摄影名言将永远留在摄影人的心中："如果你的照片拍得不够好的话，那是因为你离炮火还不够近。"

十、曼·雷（MAN RAY，1890—1976）

曼·雷

曼·雷的原名是伊曼纽尔·拉德尼茨基（Emmanuel Radnitzky），美国达达和超现实主义艺术家，画家、摄影家、雕刻家、编辑、导演、诗人、作家都是他的身份，其中以摄影家最为人称道。他挑战并扩张摄影的本质，使用中途曝光（Solarization）、实物投影法（Rayograph）等暗房技巧与实验手法，让摄影成为一种艺术表达形式，广泛地影响了 20 世纪以后的艺术创作。

曼·雷是超现实主义摄影的代表人物之一，实验派摄影师，他总在不断地革新摄影技术和观念。曼·雷早期的作品以绘画及拼贴为主，不过他在帮其他艺术家拍摄作品的过程中，发展出用摄影来进行创作的倾向。曼·雷是"物影摄影"（或称"光束图像"）的发明人之一。他曾在暗房操作失误，当灯光打开时，没有被收好的感光纸在灯光下开始改变颜色，而压在感光纸上面物体的形状开始在感光纸上显露出来。曼·雷利用这一发现，使用平面或立体的物体进行不同的组合，把虚幻的和真实的、偶然的和必然的拼凑在一起，创作出了一批极具鼓动性的、与众不同的作品。

曼·雷曾说："与其拍摄一个东西，不如拍摄一个意念；与其拍摄一个意念，不如拍摄一个梦幻。"曼·雷通过自己的努力拓展了摄影艺术所能达到的领域，并使摄影艺术与其他视觉艺术获得高度融合。

曼·雷祖籍俄罗斯，7 岁时移居美国的布鲁克林。曼·雷从小喜欢美术，1910 年认识了美国 291 画廊的开办者、著名的摄影家斯蒂格利茨，并受到了由他主编的《摄影作品》杂志的启迪，学得了摄影的技术和各种流派的表现。1921 年，曼·雷迁居法国巴黎，开设了一家照相馆，专拍时装和肖像，此后的 20 年他开创了最辉煌的摄影时代，1923—1929 年他还担任了许多电影的摄影。1940 年在德国纳粹侵占巴黎之前，

泪珠

 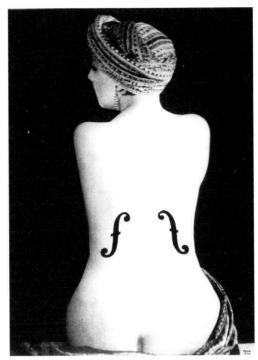

中途曝光　　　　　　　　　　安格尔的小提琴

他回到美国居住在好莱坞，这期间的大约 10 年时间，他全身心地投入了绘画、编写剧本和教学之中。

　　曼·雷的这幅《中途曝光》作品，是在对胶卷的显影中（也可以是在显影照片时）显影到一半让它接受一次短暂的曝光，再继续显影到结束，经定影和水洗后得到的影像反转的画面。《泪珠》是他最具代表性的早期作品，他用五颗玻璃珠，通过精心地布光，使其胜似真实的泪珠，而成为一幅超现实主义的作品。大胆地运用最简洁的结构和最生动的形象及最美的瞬间，使观看者产生强烈的视觉冲击感，这一特写方法之后常被运用在影视片中。这张《安格尔的小提琴》则是他将女性的背影比喻成小提琴而创作的一幅别具一格的人体摄影作品。

　　1952 年，62 岁的曼·雷又返回了他追梦的达达派（绘画）精神故乡巴黎定居，直至 24 年后的 1976 年，86 岁的曼·雷告别了他一生所从事的绘画和摄影艺术。曼·雷生前曾先后在伦敦、巴黎、洛杉矶的艺术馆举办摄影展览，并于 1971—1972 年举办了欧洲巡回展，去世之后人们又相继在法国的蓬皮杜艺术中心、美国国立艺术博物馆、中国的上海美术展览馆举办了"曼·雷摄影艺术展览"。

十一、阿尔弗雷德·斯蒂格利茨
（Alfred Stieglitz，1864 —1946）

阿尔弗雷德·斯蒂格利茨

阿尔弗雷德·斯蒂格利茨 1864 年生于美国的霍博肯，1883年开始摄影生涯。斯蒂格利茨是一位对包括摄影在内的美国现代艺术的形成与发展做出了巨大贡献的摄影家。他与爱德华·斯泰肯、克莱伦斯·怀特等人，于 1902 年发起组织以追求摄影本身的表现物质为宗旨的摄影分离运动。这是一场给美国摄影带来了根本变化的艺术探索运动，而斯蒂格利茨则是他们当中最具自觉性的一个。斯蒂格利茨早期曾是画意派摄影高手，后又成为纯粹主义摄影的倡导者和写实摄影的先驱。

1902 年，他将自己和他所发现的一些其他画意摄影家的作品在"全国艺术俱乐部"展出。他把这次展览命名为"摄影决裂者"，意思是指与当时流行的画意摄影决裂，提醒人们画意摄影不是艺术的陪衬，而是表达个人的一种独特手段。摄影决裂者的创作方向，开始时侧重受印象派绘画影响的画意摄影，但不久，斯蒂格利茨便开始反对用绘画手法制作照片，主张从事纯粹的摄影。他提出，摄影应在表达个体的个性意义上，更多地考虑摄影本身的规律和特点，使摄影变得更纯粹，独立于绘画之外。

斯蒂格利茨作品《终点站》是使用 4×5 英寸的相机拍摄的。这幅照片拍摄于 1893 年，第一天斯蒂格利茨在弥漫的风雪中等待了 3 个小时，因光线不理想没有拍成，最终在第二天，才抓拍到了铁轨马车在纽约旧邮局前准备出发时的景象。隆冬之际，一辆马车上几位乘客正依次下车赶往火车站内，寒冷的天气使拉着车经过艰辛跋涉的马气喘吁吁，鼻孔和身上的汗散发出蒸腾的气流。背景中小商贩摊位热闹的场面，构成了一幅即时动态的画面，很好地表现了空间透视感，再现了真切的生活画面场景。《终点站》开创了一种生机勃勃的摄影风格，将摄影创作由室内精雕细琢的"雅玩"，转向表现户外广阔的社会生活，着眼于从日常的平凡生活中挖掘富有艺术性的题材，以抓拍方式进行创作，追求忠实地再现拍摄对象原有的面目、品质和性格。

"奥基芙"系列是体现了摄影家的爱情浪漫的杰作。此作中，宛如一尊静谧塑像的奥基芙向下的视

终点站

"奥基芙"系列之一　　　　　　　　　　　　　　　　　　　　阳光

线与上举的双手，形成一种视线的反向运动，使整个画面充满了张力。她的姿态既令人想到她在闭目等待来自艺术女神缪斯的天启，也令人想到她是在羞涩地遮挡来自期蒂格利茨炽热的凝视。

他的《阳光》摄于 1889 年。阳光对于我们人类来说充满向往和希望。画面中室内一片寂静的氛围，一条条百叶窗格中透进的道道明媚阳光洒落在姑娘的身上，让人充满着遐思……情景交融，好一派温馨而又恬静的画面！

斯蒂格利茨是 1915—1935 年美国现代艺术最重要的赞助者和辩护人。在军械库展览之前以及展览刚刚落幕之后，斯蒂格利茨在纽约开办了一个"291"画廊，介绍宣传布朗库西、马蒂斯和毕加索等巴黎现代主义画家以及受欧洲风格影响的美国画家与雕塑家们的艺术作品，如约翰·马林（John Marin，1870—1953）、阿尔弗雷德·茂热（Alfred Maurer，1868—1932）和亚瑟·多弗（Arthur Dove，1880—1946）等。斯蒂格利茨本人的摄影作品也在20 世纪头十年的纽约首屈一指，浪漫化地展示了这座城市的建筑。他的一幅名为《熨斗》的作品，展示了一座具有独特造型的建筑，他将这座建筑描述为："犹如一个向我靠近的海上巨型汽船的船头，表现了当时新生的美国正在成长中的景象。"

熨斗

思考与练习：

1. 原色光和它相对应的补色光有哪些？它们之间又有什么样的关系？

2. 白光是由什么光线组合而成的？

3. 哪些颜色的光线汇合在一起会使眼前呈现一抹黑？

4. 标准白平衡相当于多少 K 的色温？

5. 若想使影像的色彩稍偏暖色调，应该怎样调置色温？

6. 前侧光、侧面光、后侧光分别是拍摄哪些景物的最佳光线？

第五章　摄影用光技术

我们常说摄影是光画，光线是摄影记录和表现必备的客观条件，无光就无形、无影、无色。熟练地掌握用光技巧是摄影造型的基础。

摄影的正确用光，是为了达到准确曝光而合理地利用光线，再现所拍景物的形状、明暗、色彩、空间等真实效果；同时也是为了在拍摄时进行艺术造型的技术手法。

虽然大千世界的光线千变万化，不同光线对同一个场景也会产生朝晖夕阴、气象万千、丰富多彩的光影变化，使景物产生不同的造型、质感、色彩和美妙无比的诗意。但对于摄影来说，摄影师首先要了解和掌握的，是光线的种类、光线的性质、光线的方位、光比的大小、光线的影调、光线的色调等基本要素，才能具备敏锐的纪实目光和审美的创作视野。

一、光线的种类

光线可分为直射光和散射光两种，景物在这两种光线的照射下，会显示出不同光质的形态。

（一）直射光

自然光的直射是指晴天的太阳光，阳光因清晨升起和傍晚的降落，其光照强度和角度的变化都会影响摄影的表现效果。了解其光照变化特点，掌握其变化规律，对于择机把握摄影作品的表现效果具有重要的现实意义。

1. 清晨和傍晚的近地阳光

太阳从地平线上升起以及在傍晚落山时，其光线角度与地面为 0°~30°。清晨，随着太阳渐渐地升起，景物的阳面由朦朦胧胧、依稀可见到全被照亮，物体受低角度阳光照射时会留下长长的投影，光线由弱变强，我们把这一时段称为"魔幻时光"。这往往是风光摄影的最佳拍摄时段。深秋—冬天—初春的太阳光线透过厚厚的大气层之后显得柔和，早晚还常常伴有晨雾和暮霭，空气透视的效果特别强烈，在侧光和逆光下这一特点尤为突出。

晨曦   黄昏

2. 日出后 3~4 小时及日落前 3~4 小时的阳光

这两个时段的光线，对摄影来讲光照强度比较适宜，受天空光反射，景物明暗对比适中，影调层次丰富。我们经常把此类光线称为"标准光线"，因为它能较真实地表现景物的形象和色彩。

日出   日落   采用顶逆光拍摄，避免产生塑面脸形

3. 中午的顶头光

受顶光垂直照射，景物朝天的一面被照得很亮。如果是在夏季的前顶光下的话，一般不宜拍摄直面正视的人像照片，那样会使人物的额头、颧骨、鼻尖过亮，呈塑面脸形般的光亮；而鼻下产生的阴影又像一撮小胡子，因此，可以让脸部稍稍仰起一些，成顺光位照射，当然最好还是让人脸稍稍低下一些来拍摄更好。

顶光下的村野风光

其实我们还可以利用逆向的顶光来表现地质、地貌、植被等地理景观，选择一个地形、地势起伏的地点，能很好地表现原野的风貌。

（二）散射光

这是指多云、阴天及雨雪天的光线。这些光线的共同特点就是光线平和、光质柔软，景物在这种光线的照射下，物体影调平淡，景物平和。

如果利用这种光线照明拍摄人像照片的话，就会使得人物的脸部表现出一种较为柔和的视觉效果。

多云散射光效果的景色

阴天的散射光线下人物面部柔和

二、光线的性质

光线性质指光源的软、硬的性质。自然光中晴天直射的光线属于硬光，阴天、雨天的光线则属于软光。

（一）硬光

硬光，明暗对比强烈，因此较适合表现物体的结构（线条、形状）和质感（肌理表现）。

（二）软光

软光，明暗对比较为柔弱，因此在拍摄时要注意被摄物固有色彩的明暗造型与形态结构。

光线的强弱还受制于地理和环境因素，比如同样是晴天阳光直射，如果一个在粉尘较大的城市里拍摄，另一个是在空气稀薄的青藏高原拍摄，那么两者光线照射的软硬程度是完全不同的。这就是现在我们往往会感觉在城市里拍摄的照片明

直射光效果图

光质——软光（阴天散射光）

暗对比不如在空气稀薄的高原来得强烈的原因。又如，同样在室内受到天空光线的照射，被摄物体距离窗户的远近、窗户的大小、室内环境反射光的强弱，都会影响光线的软硬和被摄物的明暗对比度。

三、光线的色彩

光线的色彩无论在摄影的技术层面上还是在艺术表现上都很重要，合理地运用光线的色彩所反映的冷、暖色调可以引起我们许多情感上的联想，因此，学习、了解、掌握和运用光线的色彩，可以渲染和强化摄影作品的表现力。

（一）可见光、原色光与补色光

1. 可见光：我们能够看到的光线只是宇宙空间中非常小的一部分，它位于红外光线与紫外光线之间。人眼通常能辨别的光线色彩大致有 200 种，其中红、橙、黄、绿、青、蓝、紫七色光就是我们最为熟悉的可见色光。

2. 原色光：可见光中的红、黄、蓝这三种光叫作原色光。

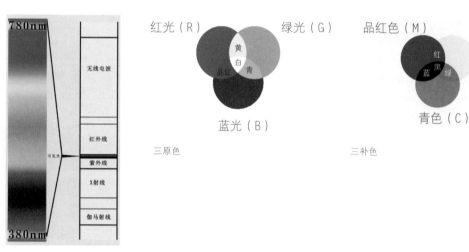

可见光

三原色   三补色

3. 补色光：与红、绿、蓝三种原色光对应的青、品红、黄这三种色光，被称为补色光。

（二）原色光与补色光的特征

1. 每一种原色光是与它左右相邻的补色光的叠加光。

2. 三种原色光叠加起来为白光。

3. 三种补色光叠加起来为黑色。

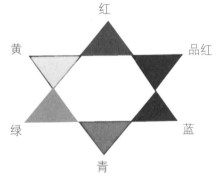

色光互补六星图（红／青、绿／品红、蓝／黄）

四、光线的色温与白平衡

（一）色温与白平衡的概念

1. 色温是指将一个没有任何辐射光的黑色金属物体（绝对黑色）加热到一定温度时所产生的辐射的光谱颜色，它的计量单位为"K"。色温，这一概念是运用于胶片摄影中的，在摄录像和现在的数字摄影中则称之为"白平衡"。

2. 色温（白平衡）在摄影上是根据所采用的光源中含红色与蓝色光谱成分的多少而显示的，光谱中含红色成分多为低色温（暖色白平衡），含蓝色成分多为高色温（冷色白平衡）。

3. 当光线用色温表示的话，则分为低色温、标准色温、高色温；而当光线用白平衡表示的话，则分为暖色白平衡、标准白平衡、冷色白平衡。

4. 色温由低到高（白平衡由暖到冷），其光色的变化是：深红—橙红—橙黄—黄—白—青蓝，在摄影中光源的色温是影响色彩还原的主要客观因素。

（二）自然光中的色温表现

1. 由于日光受到大气环流以及太阳对地面照射的高度角的变化，光线就会呈现出不同的色温（白平衡）。晴朗的大白天接近标准色温（标准白平衡），此时光线颜色近似白色；阴雨天为高色温（冷色白平衡），光线的颜色偏青蓝色调；晴天的晨曦和黄昏为低色温，光线的颜色偏红黄色调。

2. 自然光的色温是：蔚蓝的晴空在 9000~12000K，阴天在 7000~8500K，薄云遮日的天空在 6000~6900K，正午前后的天空在 5400~5600K，日出后或日落前的 15 分钟在1850~2100K，日出后或日落前 1 小时在 3200~3500K。

3. 拍摄时的光线色温直接影响着被摄景物的色别、色相和色饱和度。为此人们根据色温

色温 9500K 的画面效果 　　　　　　　　　　　　　　　　色温 7500K 的画面效果

把普遍适合于室外自然光摄影的胶卷做成 5600K，即为日光型胶片。这样在上午 9 点到下午 4 点的大部分时间内，拍摄的景物基本上都能得到相对正确（接近真实）的色彩还原。

（三）各种灯光的色温表现

1. 非三基色的大部分灯光，均为偏橙黄或橙红的低色温光，比如色温在 3200K、光色为黄橙色的新闻碘钨灯，色温在 2700K 左右、光色为橙红色的日常家庭使用的普通（白炽灯），还有色温在 1900K 左右、光色为橙红色的烛光。

2. 同样在灯光下拍摄的时候，灯光的光线色温也直接地影响着被摄景物的色彩表现。为此人们根据灯光的色温，把用于灯光摄影的胶卷做成 3200K 的灯光型胶片。这样，在该色温下拍摄的景物能得到相对正确的色彩还原。

（四）色温与白平衡的调整

1. 如果所拍场景的色温与使用的胶卷色温不匹配的话，拍摄后的影像就会偏色。在这种情况下，我们可以通过各种校色温的滤镜（雷登片）对色温加以校正，从而使所拍的影像得到较为正确的色彩还原。

2. 现在用数字照相机摄影，当白平衡发生偏差的时候可以在"白平衡设置"中进行调整。这里需要指出的是，当你采用白平衡中的色温"K"来进行调整的时候，朝 5500K 以上调的话则色彩向红色走，而往 5500K 以下调的话则色彩向蓝色走。

3. 我们明确"准确的色彩还原是先导，但绝非绝为固守的法规"，我们还经常会运用拍摄时的光线色温变化，非正常地使用雷登片或白平衡的调整，故意去造成"偏色"，从而使照片获得符合我们所拍摄的主题与意境的情调（色调），其实这才是真正正确的白平衡效果。例如我们在表现欢乐喜庆的场面时，往往就喜欢让它的色调稍偏暖一些。

把色温设为 8330k，使之呈暖色调，表现出人们在股市上涨时那喜气洋溢的情调

把色温设为 2780k，使之呈冷色调，表现雪域高原民族那神秘的民俗活动气氛

五、九种光位的运用技艺

光位是指光源和被摄物体形成的水平角度与垂直角度的位置。不同的光位会使景物产生不同明暗的光比，从而构成影像的各种影调。

在摄影中，我们根据光线对影像构成的不同造型，区分了五种水平方向的光位和四种垂直方向的光位。

（一）水平位置的五种光位

水平方向的五种光位分别是正面光（顺光）、前侧光（前 45° 光）、侧面光（侧光）、后侧光（侧逆光）、背面光（逆光）。

1. 正面光（顺光）

对被摄物体来说，光源的投射方向与相机镜头光轴方向一致的光线叫作正面光。被摄景物在正面光的照射下，光照均匀，形象清晰。由于被摄景物的亮度在整体上无明显的光比，因此在拍摄的时候应该多选择被摄景物本身的深浅或不同的色差，来弥补影像因正面光而显得乏味的立体感。

正面光下的建筑视觉上稍感平淡

2. 前侧光（前 45° 光）

对被摄物体来说，光源的投射方向与被摄景物成 45° 左右。前侧光照射下的被摄人物，其脸面的大部分处在阳面，小部分处在阴影面，并在暗部形成一个倒三角形的伦勃朗光效。

前侧光人物脸部的伦勃朗光效

前侧光照射下建筑的立体效果图

前侧光照射下的景物形象自然生动，既有较好的层次感，又有很好的立体感。因此它是日常摄影中拍摄人像和人物活动应用得最多的一种光位，如上一页下左图人物的立体造型效果；同时它还是拍摄建筑风光的最佳光线，明与暗的布光使建筑物产生强烈的立体视觉感，如上一页下右图的立体视觉效果。

3. 侧面光（侧光）

对被摄物体来说，光源的投射方向与镜头光轴接近 90° 左右的光线，叫作侧面光。侧面光下被摄物体明暗对比最为强烈，这种光线能很好表现较为粗糙的物体表面的肌理与质感和景物的立体感，如下图。

侧面光拍摄浮雕，具有极强的立体视觉感

侧面光下的布达拉宫的层次与格局

4. 侧逆光（后侧光）

对被摄景物来说，光源与相机镜头光轴成 135° 左右，也就是光源来自被摄物体后侧方向的光叫作侧逆光。用侧逆光拍摄时，景物在深色背景的衬托下，受光的一侧会呈现出装饰性的轮廓光。侧逆光是拍摄山水风光的最佳光线，它能使水面产生一种波光粼粼的美丽倒影，如下图。

侧逆光下的山水风光照片视觉上的立体效果

面包树，采用侧逆光来表现它的苍劲形象

侧逆光中的波光粼粼

乌云密布之时是拍逆光照的好时机　　　　　　　　晨曦是拍摄逆光风景照的好时机

前顶光照射下的人物基本上呈剪影，由于人物较贴近墙面，因此在墙上形成了变异的投影

5. 背面光（逆光）

对被摄景物来说，光源与相机镜头的光轴成相对而行的180°左右的光线，也就是光源来自被摄景物背面的光线叫作逆光。在逆光照射下，当景物处在深色背景中，被摄物体的周边就会呈现出一圈明亮的轮廓光。

逆光在表现水面、烟雾、树叶、花瓣、玻璃制品、服装面料等透明或半透明物体时，质感效果特别强烈。

人们常说逆光不宜拍摄人像照片，其实不然，逆光是人像摄影中拍摄剪影照片的最佳光线。

当然逆光更是拍摄山水风光的最佳光线，金色的朝霞和迷人的晚霞都是逆光中的美景。不过在逆光下一定要注意，别让相机的镜头产生冲光。

（二）垂直位置的四种光位

垂直方向的四种光位是前顶光（顺顶光）、正顶光、后顶光（顶逆光）、地面光（脚底光）。

逆光中的驼峰产生了一轮美丽的装饰光

顶逆光使起伏的地形表现了丰富的层次

1. 前顶光（顺顶光）

前顶光，它是在拍摄者头顶的前方，因此对于被摄景物来说，此时在地面上的光线实质上就是高位的正面光。这种光线不太适宜拍摄人像照片，特别是在夏天很强的前顶光下拍摄，会使人物的面部像光滑的塑料面形一样毫无质感。

2. 正顶光

这是标准的顶光位的光线，在这种光照下的景物基本上是看不到投影的。我们通常是很难遇上它的，因为它只出现在南回归线和北回归线之间正午 12 点的这一瞬间，所以我们平时说的顶光都是稍偏几度的天顶光。这种光照在风光摄影中能很好地表现水体的层次与质感，所以它是拍摄山水瀑布的最佳光线。但是用头顶光拍摄正面人像时，由于人的额头、眼眶和鼻子突出面部，头顶光会使眼眶和鼻下产生浓黑的投影，因此它通常被戏称为"骷髅光"。

所以用正顶光拍摄人像时，应当让被摄人物的脸适当地仰起一点，这样就不会产生怪异、恐怖的效果了。当然也可让脸稍稍低下一点，使其全处在阴影中按照暗部曝光来拍摄，如果说是拍摄蹲坐的人物照片，还可以利用水面、沙滩或是其他东西的亚反光对脸部进行补光。

3. 后顶光（顶逆光）

此时太阳处于高空，地面景物会随地势起伏显得有明有暗，前后高低的景物也就形成了很丰富的层次。

顶逆光的光线还是拍摄高山瀑布的最佳光线。另外这种光线还能使处在深色背景中的景物的周边呈现出一圈漂亮的装饰性的轮廓光。

4. 地面光（脚底光）

晨昏之时当我们站在山坡上俯拍坡下景观的时候，初升或是西下的太阳由地平线方向朝着照相机镜头射来的光线，叫作地面光。此时在拍摄的时候，较为严重的冲光现象经常会存在，

因此最好在地面上寻找一些较为深色的物体作为前景。地面光在影棚中被称作"脚底光"，即人们常说的"恐怖光"，在影视剧中常用来表现敌特和奸诈的人物形象。

摄影用光的艺术价值在于，摄影者能掌握各种光线的表现特征，运用和选择好最佳的光线时段、光位、拍摄角度，操控好光线与景物的光、影、形、色的美感瞬间，从而表现和反映各种事物的内涵与意境情感，表达和抒发摄影家的个性灵感和创作思想。

侧顶光下的瀑布质感表现

顶逆光

前顶光

顶逆光使路面在直立的深色背景的衬托下显得更为突出

思考与练习：

1. 陪体有何作用？

2. 怎样运用"视向性"在画面中安排景物的位置？

3. 仰视和俯视所拍摄的景物会各显什么特征？

4. 什么是"天象性"原理？怎样在构图中运用它？

5. 什么是"秤砣法"？它在构图中的作用是什么？

6. 摄影的画面平衡有哪三种表现形式？

7. 请用一个拍摄实例来演绎摄影构图中的"反构图"。

第六章　摄影构图

一、构图的意义与目的

（一）构图的意义

　　拍照的时候不能盲目地看到什么就拍什么，这样的话拍得的画面会杂乱无章、主题紊乱。我们在拍摄之前应当有选择性地去进行取景和构图，这样才能得到一幅题材感人、主体突出、形象生动、光影考究、意境深邃的摄影作品。

横构图风光气势恢宏

用光影构图，画面形象生动、立体感强

（二）构图的目的

在摄影画面的框架中，正确地安排好主体的位置并处理好陪体，表现好复合主体之间、主体与陪体之间的相互关联，从而更好地反映画面的主题。

用光影构图，增加画面的深沉效果

二、画幅的选择

（一）横画幅构图

横画幅通常是表现较大的，特别是气势恢宏的场面，如广阔天地中的自然风光和建筑风光中的场景。

（二）竖画幅构图

竖画幅，一是表现高大挺拔的景物形象，比如摩天大楼、建筑雕塑；二是具有纵深透视感的场景，比如城市中的道路或是丛林深处曲径通幽的林间小道等场景。

（三）构图的要素

1. 主体在构图中直接反映主题的景物，它在画面中的结构直接影响着作品主题的表现力。它就像在语言文学中那些名词类作主语的景物形象。

2. 陪体在构图中烘托主体，深化主题的景物，它在画面中的结构虽是间接反映作品主题，但往往起着画龙点睛的作用。它的作用类似于在语言文学中的状语词，表现景物所在的环境、地点、时间、气氛等。

横构图表现气势恢宏的场面

摩天建筑　　　　　　　林间小路　　　　　　　天高云淡

上述两幅照片中的人物均为主体。左图中的碎石小路、老宅炊烟、阳光以及阴影和渲染气氛的烟雾与右图中的草地、马匹都是画面中的陪体。

三、主体的美学地位

（一）主体的黄金位置

在摄影的画面中，主体应当是画面的结构中心或叫趣味中心。但是，它又往往不是画面的几何中心。我们在构图时通常不要让主体居中，因为几何中心往往因对称的结构而使画面显得呆板、缺乏生气。因此主体景物通常比较忌讳采用画面的几何中去心构图，通常是把主体放在

画面中九宫交叉的黄金点位的附近，这些位置就是画论中讲的三分律法。这也是我们在摄影构
图中常用的主体位置。

　　1. 如果是采用仰拍摄，通常就选择上面的点位作为主体位置。

　　2. 如果是采用俯拍摄，则选择下面的点位作为主体位置。

照相机倾斜取景，改变主体原本的垂直结构，
使画面显得生动活泼

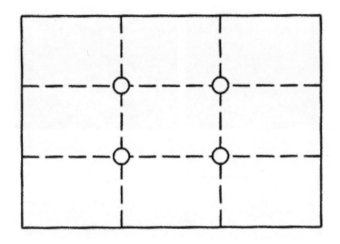

构图中主体的黄金分布位置图

根据"视向性"与"天象性"的原理，
将主体放在九宫格的右上方位置

上下两图根据"视向性"的原理，将主体分别放在右、
左侧的黄金切点上，使之在行进中有一种可延伸和舒展
的视觉感

运用对称结构表现该建筑，给人视觉上的稳重感和形式上的美感

（二）主体的"视向性"原理

在构图时，宜将主体置于黄金分布位图画面的两侧近三分之一处（即"井"字形的九宫格的左右两边的交叉点上）。那么什么时候偏左、什么时候偏右呢？在拍摄人物和动物照片的时候，通常是运用"视向性"规律来布局，根据人物或是动物的目视方向，在其视线的方向的一侧，距离前方的边框约三分之二的黄金交叉点摆放主体的位置。同样，我们在进行风光摄影时，应把作为主体的山脉主峰的走向或是大树、建筑的朝向置于这个最美的位置上。

当然，我们说这种原理也不是绝对的，比如广告摄影就经常用几何中心的形式构筑画面，来反映和表现一种对称性结构的图案美、色彩美、形式美。

建筑摄影中也经常以正面对称式的构图，表现一种中规中矩的结构，体现其稳重的视觉与形式美感。

（三）主体布局的基本原则

1. 独立的主体

（1）首先根据"视向性"的原理，来决定主体在黄金切点的左边还是右边的位置上，使

视向性构图

视向性构图

复合主体在一条等高的直线构图，画面显得呆板

复合主体上下错落构图，画面较为生动

运用近距离并偏一边仰拍使景物呈斜线活跃画面

在三组人物共同作为主体时候，各点
的连线需呈不规则的三角形，才能使
画面显得生动

之给人以一种舒展和可延伸的视觉感。

（2）再根据拍摄的垂直位置上的视角来决定
主体在黄金切点的上面还是下面的位置上。

（3）将主体景物的"视向性"与拍摄的视角
综合起来，这样就可以在四个黄金切点中最终确
定一个位置了。

2. 复合的主体

（1）如果碰到两个同类并且形体又相仿的主
体，那么如何来选择它们的构图位置呢？我们较忌讳复合体中
的主体等高等大，相互之间的连线成为一条平线，形象与形式
呆板。为此要注意以下几点。

a. 照相机的位置不要居中在取景框底边的中间位置上拍摄，
这样的话会使两个主体与拍摄位置成为等腰（或等边）三角形，
也就会使两个景物之间假设中的连线与画面的上下边框平行，从
而使画面产生平静、呆板的视觉感。

b. 要是碰到几个形体同样大小，
特别是高度相等的主体，拍摄时可
将相机靠近某一个主体，将镜头稍
稍仰起取景构图，这样可使景物产
生近大远小和近高远低的透视效果，
从而使几个等高的主体成斜线构成，
这样就能让画面视觉形象显得生动
活泼。

（2）假如碰到三个同类又等高
的主体，一般较忌三者在一条直线
上且与画面的边框平行，此时我们
可以这么做：

a. 可用适度的斜线结构来打破
呆板的画面；

b. 运用不规则的三角形结构来
活跃画面。

遇到三个以上共同主体的话，尽可能让四周各点的连线不与画面的边框平行

三个以上同类主体，让各点之间的连线形成不规则的多边形来活跃画面

（3）要是碰到三个以上同类的主体共同作为主构图，那么原则是尽可能地让这些景物的各点之间的连线不与框架四边平行。上一页右下图是众多复合主体的构图，我们寻找了一种三点（假想中的连线）组成一个不规则的线性结构的场面来拍摄，这样的画面就不显呆板而较富生气了。

四、构图中景物的造型特征

（一）正面景物的两种造型

1. 画面中规中矩，庄重肃穆，神圣威严，例如我们都很熟悉和敬畏的天安门城楼的标志性图案。

2. 正面正身的画面时常也会给人欠活泼的视觉感，尤其是只有一个面而缺乏立体感时。

3. 正面正身透视是各种人像证件照的规定造型，因为证件照规定要让人识别和看清持有人的最完整的脸面。

4. 我们也可以在保持证件照的特征、确保人脸为正面正身的情况下，让身体稍作斜侧面姿势，这样沿鼻线往下到衣服的门襟就由直线变为斜线，画面即显得生动活泼了。

（二）斜侧面的透视与造型

1. 在人像艺术的摄影中基本上都采用斜侧面的透视与造型，这样画面不仅形象生动活泼，而且富有艺术的美感。

斜侧面造型摄取两个界面，画面富有艺术的美感，很好地表现了建筑立体感

用斜侧面造型的人像

斜侧面构图表现立体感

2. 在拍摄建筑时，最好也用斜侧面的构图，这样能给人很强的立体视觉感。

（三）群体人物的画面造型

1. 各种人物组成的群体，在画面中构图和造型的时候，一定要确立一个领衔的主体人物，并且着力刻画好他的形象和神态。

2. 对于"领衔的主体"以外的其他人物，应当像右图那样，让他们相互呼应、共同关联。

五、构图中的景别与视角表现

（一）构图中的五种景别

以一个突出人物引领视线的组合画面

景别是指在取景时由水平距离的远近所构成景物大小的影像比例。我们通常把它从近到远分为以下五种景别。

1. 特写：在人物摄影中，指衣领以上的脸面部分或是五官中的某一部分的拍摄；在其他摄影题材中，是指对景物局部的细部描写的构图形式。

2. 近景：在人物摄影中指胸部以上部分，如我们的证件照结构；在其他摄影题材中，是指对景物局部描写的构图形式，主体的形象占了近画面的大部分。

3. 中景：在人物摄影中，指半身或者是大半身的人像；在其他摄影题材中，主体的形象所占画面的比例近一半的画面。

视角景别表现，采用中远景、小仰角，使纵深前后的三位人物得以表现

运用广角镜和远景构图，很好地表现出辽阔、深远的视域

4. 全景：在人物摄影中，指从头到脚的全身人像；在其他摄影题材中，通常是指拍摄一个相对完整的景物。

5. 远景：是指拍摄那些大场面的、较为宏观的景物构图形式，例如拍摄远山、川流、沙漠、大海与绮丽的天象等自然风光。

（二）构图中的三种视角

这里讲的视角是指在垂直距离上对景物所构成的透视现象。我们通常把这种上下取景构图的拍摄方法称为对画面透视的三种视角。

1. 平视：是指相机镜头的光轴保持与地平线平行方向的视角而取景的形式。运用这种视角所形成的透视现象，与我们平常用眼睛直接观察的景物一样，保持一致而不变形的自然现象。

2. 仰视：是指相机镜头向上仰起取景的形式。当运用仰视拍摄的时候，景物的透视、景物的形象会产生形变，它会呈现下宽上窄的现象（呈正三角形），同时还具有近高远低的透视特征，这在几个同等高度的景物构图时打破平直的结构是非常有用的。运用这种透视方法，还能直面近处的主要景物，隐去远处杂乱的背景起到净化画面的作用。

3. 俯视：是指相机镜头的光轴向下取景的形式。采用这种视角拍摄的景物，也会产生较大的变形，此时的景物则形成上宽下窄的现象（呈倒三角形）。同时还有近低远高的透视特征，运用这种透视方法，更能够起到隐去背景中的杂乱景物、净化背景的作用。

用仰视拍摄的画面景物产生了近高远低的透视现象　　　　　　　　用俯视拍摄的画面景物产生了近低远高的透视现象

天象平淡的时候地平线上移

天象丰富的时候地平线下移

六、构图中的地平线位置

（一）地平线的上下结构

在风光摄影中最忌讳地平线居中五五开，在构图时最好不要让地平线把天地对半开。那么应该如何处置呢？在这里，我们倡导运用"天象性"原理来布局，即依据天空的景象而决定地平线的上下位置。

1. 地平线居中：画面就会显得呆板，因此这是最忌运用的，正确的做法应让地平线上移或是下移。

2. 天象平淡则把地平线上移：当天象平淡时（如多云、阴天、雨雪天，或者是万里无云的大晴天），则地平线应该向上，此时就多拍些地面景物，

少拍些空白的天空，甚至让地平线走出画面的上框线，全部都拍地面景物。

3. 天象丰富则把地平线下移：当你在拍摄旭日东升的朝霞、夕阳西下的晚霞、蓝天上朵朵白云或有出现绮丽彩虹（又或是满天翻滚的乌云）的时候，则地平线下移，此时就多拍些天空景物，少拍些地面景物，甚至让地平线走出画面的下框底线，全部都拍天空中的景物。

这里要指出的是，摄影中的"天象"不只是指气象要素，它还包括在天空中的其他景象，

有坡度走势的地平线画面较为活泼

斜线走势的地平线画面显得活泼

弧线走势的地平线画面显得生动

比如飞禽和飞行器（飞机、飞艇、气球、风筝等）以及节日烟火等。

（二）地平线的造型与走势

1. 地平线与上下边框平行，这样的画面稳定，但是也给予我们较为呆板的视觉感。

2. 地平线与上下边框成斜线，这样的画面视觉感就显得较为活泼。

3. 地平线与上下边框成弧形，这样的画面视觉感显得较为生动。

七、构图中的画面平衡

摄影画面中的平衡在构图中至关重要，因为它会影响到作品给人的视觉稳定感，并直接有碍于作品的艺术感染力。

（一）画面平衡的表现形式

1. 景物平衡

在一个摄影画面的框架里，景物安排的位置应兼顾上与下、左与右的均衡，也就是说不要把景物都集中在一边，使对应的另一边过于空白，这样的画面会给人头重脚轻、头轻脚重或是左右失衡的印象，从而产生一种不稳定的视觉感。

2. 影调平衡

在一个摄影画面的框架里，一边的景物影调很深、色调浓重，而另一边的景物影调和色调非常浅淡，这样的画面结构会给人以不平衡的视觉感。

3. 综合平衡

在一个摄影画面的框架里，影调总是伴随着景物同时存在于构图形式中，因此我们应当同时兼顾影调和景物的视觉影响作用，让它们相互交替来互补以求画面的平衡，例如在视觉上分量较轻的地方用景物来弥补与平衡。

（二）画面平衡的技术手法

摄影构图中的"平衡"绝不是数学中的"平均"或"均衡"。所以不要在构图中去做对称式的景物排列，这样会使画面缺少变化而无生气。

景物的交替平衡

影调的交替平衡

借用人物走入影调较轻的地方，来控制画面影调的光比平衡。

查检，运用"秤砣法"的构成来平衡画面

点经，运用"秤砣法"的构成来平衡画面

1. 景物平衡的"秤砣法"

（1）将单一的景物居于画面的几何中心，形成对称式的结构，这样的画面通常会显得较为呆板。

（2）要避免采用"天平式"的构图，把两个形体和色差都较均衡的景物置于画面的上下两部分或是左右两边；这是一种被束缚的绝对平衡，自然也就使画面显得很呆板。

（3）画面景物的布局要避免单边的视觉分量过轻或是过重，又要防止"天平式"的结构而使画面缺乏生气显得呆板，这时我们可以运用"秤砣法"来平衡画面，以"四两压千斤"的手法来取得画面的平衡。

雾云山庄，画面的右下分量过重，左上角用题词，使得画面得以平衡

（4）在实践中，我们经常会碰到像《雾云山庄》这样一边偏重而一边偏轻的实际景象，这时候你可以采用国画中留空题词的手法来平衡画面右下方过于深重的影调。

2. 影调平衡的"反差法"

祈祷

（1）取景时要尽可能避免画面的左右两边或是上下两部分的景物形成色彩上的强烈反差而使画面失去平衡。

（2）对于某些景物的拍摄，用光时要避免采用全侧面的光照，以免造成影调上的强烈反差而使画面不平衡。

（3）当上下或是左右光比太大，我们可以利用渐变的灰密度镜来调整和降低画面上下或是左右的明暗反差，从而使画面得到平衡。

高调摄影常见于影室中的人像造型，其实它还可以表现晨雾中的山水风光以及圣洁、坦怀的宗教人物与活动场景。

作品《祈祷》摄于我国甘南藏族的拉卜楞寺。拉卜楞寺是我国六大藏教宗寺之一。那里寺院林立、金瓦朱墙、旌旗招展、经轮悠悠，一派庄严而神秘的气氛，给人以清静与圣洁的感觉……忽然间，一位喇嘛信步登上寺顶，面对着苍天，闭目净仰、合掌祈祷，这不是至高无上、彻诚无瑕的灵魂之净化吗？作者借助照相机的取景框，将这最虔诚的信徒，定格于洁白纯净的苍天一角。构图借用形式上和意念上的高调手法，用大面积的白色来平衡小面积的灰黑，使作品《祈祷》在视觉上给人以净地、净空、净身、净心、净愿、净灵的意境。

3. 综合平衡的"交替法"

（1）有时候画面在左右的一边，或者是上下的一方景物的形体较大，那么可以利用较深的影调（或深重的色彩）来弥补视觉上的失重感，而使画面得以平衡。

借用深色的路面来平衡主体景物的视觉重量　　　　　　运用画面下方草地的深色阴影，使中间的景物与远处深重的山坡给人的视觉分量得以平衡

运用投影平衡上下的画面，同时增强人与地之间的空间立体感　　　　　运用投影平衡左右的画面，增强人物的立体感

（2）运用光线的景物明暗以及在阳面上的投影来调整画面在视觉上的平衡度。

（3）运用透视上的近大远小和近高远低的成像原理，改变景物在不同空间和不同影调中的形体分量，从而平衡失重画面。

八、构图的原理与原则

（一）摄影构图应是有规律的

我们在摄影构图中，根据人的视觉常规和美的视觉感受，经常会遵照这样的规律：

1. 主体的构成提倡置于画面的黄金切点上，而忌讳把它置于画面的几何形中心，因此我们常说九宫格的中间一格是构图的禁区。

2. 在同类的复合体中，又需要运用上下错落的斜向结构，或是不规则的多边形结构。

3. 按照现行的规定，证件照必须是正面正身的造型。

4. 为渲染画面的艺术表现力，拍摄艺术人像通常采用斜侧面的构图。

5. 在仰拍高层的群体建筑的时候，一是把最高的建筑放在左右边框的中间，二是让最高的建筑垂直于地面（不倾斜）来构图，只有这样才能使我们在视觉上保持画面的平衡与稳定。

6. 人与动物拍摄均运用"视向性"加"三分法"的原理来进行构图。

（二）摄影构图却是无规定的

摄影的构图是有规律可循的，然而规律又并不是规定，非得要一成不变地去执行，大家的

当俯拍时两边的建筑呈倒三角形

仰拍时应让最高的建筑垂直地面

表现远去的人采用反构图更贴近意境　　　　　　　　运用反构图来隐寓和表现她被人赞美时的表情

构图都像一个模子拷贝出来的千篇一律，要是那样的话，艺术就成了止步的僵尸，何来百花齐放与百家争鸣？哪里还有个性风格与艺术流派？因此它虽有规律但绝无规定。比如下面一些实例就是很好的佐证。

1. 人们经常在广告摄影中用中心构图和对称结构来表现装饰性的图案美、形式美和色彩美，这在国内外摄影精品中是常见的，在其他门类的摄影中也不乏优秀作品。

2. 摄影如同其他艺术一样，它的存在与发展需要彰显个性、弘扬流派。艺术需要传承，然而更加需要创新，摄影创作也需要出奇倡异才能向前发展。

其实在摄影构图中，还有一种表现形式叫作反构图。

（1）比如想要体现一种不稳定或杂乱无章的意念，那么就得把景物拍成歪斜的，甚至是杂乱的而非常规的结构。

（2）表现远去的人或是隐寓画外含义的画面，往往就会用与"视向性"的原理相反的构图来经营画面，从而更贴近主题。

（3）还有一种情况，本来按照常规的构图，人的脸向前面，应该留有近三分之二的画面，然而当这个人扭转头看向身后的时候，我们采用反构图的形式。

（4）又如，在表现邪恶者的行为时，可以破常规地将其面对画框的边缘，以示其坏事已经做到头了，已是无路可走。

思考与练习:

 1. 理解景深的正确定义。

2. 如何调控景深?

3. 怎样正确地运用好测光模式?

4. 通常优先考虑的曝光模式是哪一种? 为什么?

5. 怎样应用直方图来检查景物的光比和曝光量?

第七章　拍摄实践中的技术技法

一、运用"景深"突出主体形象

（一）景深的定义

　　根据物理学中光学原理的解释，景深是指透镜聚焦以后，最近清晰点到最远清晰点的影像范围。但是，这又往往被绝大多数的摄影者在实践中理解为单纯的画面中视觉上的前后影像的清晰范围，而实际上景深的正确定义应该为"透镜聚焦以后，焦点两端影像清晰度的范围"。这样，它不仅表现为画面前后的清晰范围，而且也表现为画面左右的清晰范围以及在焦点两端的360°斜线范围内所有影像清晰度的范围。

用远距离、小光圈拍得远近都清晰的大景深

在50cm距离，用50mm镜头、1.2光圈的景深效果

（二）景深的作用

　　我们说照片中的景物影像不是每一张都要用大景深去把它从前到后都拍清楚的，照片上景物的景深应当根据拍摄的内容和所要表现的意境来决定景深大小。比如拍团体照的话一定需要大景深，拍风光照的话基本上也要大景深，而人物活动的照片大部分需要用小景深拍摄，从而能更好地突出主体、表现主题。

（三）景深的控制

1. 与拍摄距离的远近成正比

距离近，景深小；距离远，景深大。

2. 与镜头焦距的长短成反比

焦距长，景深小；焦距短，景深大。

3. 与镜头光圈的大小成反比

光圈大，景深小；光圈小，景深大。

二、 "测光"与"曝光"的最佳选择

现代照相机具有高度的自动化功能，如"测光""曝光""光圈""快门""ISO""白平衡"等各种模式。你要摄取一张曝光正确、色彩理想的影像，就得了解、熟悉、懂得和掌握"测光"与"曝光"中各项要素的特性与作用，选择和运用最佳的技术技法。

（一）测光模式的运用

测光模式大致有点测光、平均测光、矩阵测光、中央重点测光（即区域重点测光）几种。

1. 点测光 ⬚

这是一种测光范围最小（它在约 3° 角以内的范围）、测光精度最高的测光模式。它最适合影棚中替代独立式测光表测量主光与副光的光比，如何对景物细部或是极小物体测光是它的特别本领。然而在其他场合尤其是人物摄影的时候，当主体与陪体（或是背景）的光比或是明暗的面积相差较大的时候，作为一次性曝光量的测定，它的曝光误差最大。

2. 平均测光

平均测光也叫平估测光，它是根据取景画面中各种景物明暗的程度来取一个平均亮度值。

平均测光在顺光下一般的风光摄影中，测定值还是比较正确的。但是在环境人物摄影的时候，当主体与陪体（或是背景）的光比或是明暗的面积相差较大的时候，作为一次性曝光量的测定，它的曝光误差也会很大。

3. 矩阵测光 ⬚

现在电子照相机的矩阵测光确实做得相当好，近百个测光点密布在测光器的面板上，实际上它是平估测光的升级版，极大地提高了一般大场面景物的测光精度。可是在主体甚小而背景面积又较大，它们的明暗反差也很大的情况下，所测得的综合曝光量则同样存在着严重的误差。

4. 中央重点测光（即区域重点测光） ⬚

中央重点测光（即区域重点测光）最适合艺术人像和环境人物的拍摄。在这种题材中，最主要的拍摄对象是人而不是背景；对背景的深浅（明暗）可以说关系不是很大，但对人来说，特别是脸部，是需要相当正确的测光的。

正确的方法应当用这个测光的区域中的 2/3 置于脸部的亮部，1/3 置于脸部的暗部，这样可以确保人物脸部的亮部不会高光溢出，至于暗部的曝光量少了一些，则后期在 PS 中把它的密度减弱一些（提亮一点）就好了。

（二）曝光模式的运用

1. A / AV（A 是尼康照相机的光圈模式，AV 是佳能照相机的光圈模式）

这是光圈优先（也叫光圈先决），当你使用这一曝光模式的时候，将光圈先设置好，拍摄的时候它就会根据取景框中景物的明暗，依照所设的光圈自动选配快门来进行拍摄曝光。由于光圈的大小还关系到景深的大小，所以采用这一模式既解决了曝光又控制了景深的范围，因此它是我们在拍摄静态事物时的首选曝光模式。

2. S / TV（S 是尼康照相机的快门模式，TV 是佳能照相机的快门模式）

这是快门优先（也叫快门先决），当你使用这一曝光模式的时候，将快门先设置好，拍摄的时候它就会根据取景框中景物的明暗，依照所设的快门自动选配光圈，来进行拍摄曝光。所以它是我们在拍摄动态事物的时候，为确保动态事物清晰而常用的一种曝光模式。

3. P 是顺序快门，它如同"傻瓜照相机"自动模式，当你按下快门的时候，便会自动给你组合一个光圈和快门的曝光量，让你得到一个较为合适的曝光。然而这种模式只是提供了一个相对正确的曝光，它是不管景深范围的。

4. M 是手动挡，拍摄者必须自己设置光圈和快门进行操作。这一模式是用在那些被摄的景物主体与背景的光比相差较大的情况下，你要确保主体得到理想的曝光时间，同时又获得你想要的景深而采用的一种曝光模式。

三、"光圈"与"快门"的选择原则

（一）光圈大小的设置

1. 光圈的作用一是控制曝光量的多少，二是控制景深范围的大小。

2. 从拍摄图像的总体目标和画面质量效果来看，摄影者应先考虑景深的范围，因此我们通常根据所需景深的大小来设置光圈系的大小。

（二）快门时间的设置

1. 快门的作用一是控制曝光量的多少，二是控制被摄运动物体的动感效果。

2. 当手持照相机拍摄的时候，快门的设置首先应该考虑的问题是，摄影者必须根据所选择的快门时间是否能够确保拍摄时相机的稳定性为前提。

系列片"光影上海"采用 4s/t、22/f 的曝光组合，先对主建筑相对静拍 2 秒，然后再移机对其他建筑灯光连续在运动中拍摄 2 秒；运用静与动这样两种不同的拍摄技法，以一次曝光形式将几个不同的景物组合在同一个画面之中。该系列片借夜色中光与影的壮美图景，以抽象的形象和寓意的诗韵，用超现实主义的艺术手法、创新的技艺，表现光辉灿烂的上海。

光影上海——《起舞》

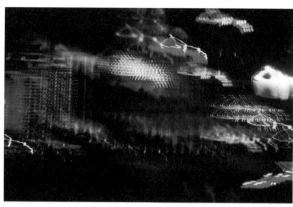

光影上海——《银河》

光影上海——《炫舞》

光影上海——《狂欢》

四、"ISO"与"白平衡"的正确运用

（一）ISO 的正确设置

1. ISO 在摄影中是国际感光度的代码，它的数值小，则感光度低；数值大，则感光度高。

2. ISO 的数值越小，则影像糙点越小；数值越大，则影像糙点也越大。

3. 从理论上讲，为防止影像产生糙点，可使用较低的感光度。但是当你在暗弱的光线下手持照相机拍摄的时候，ISO 设置得过低会导致持机不稳而使得影像模糊不清。因此，你必须在确保持机稳定的情况之下，才能把 ISO 设置得低一些。现在的照相机和镜头都已具备防抖功能，你可以打开防抖功能，也可以使用三脚架来稳定照相机来拍摄，但是必须注意，当你用三脚架的时候，必须关闭防抖功能，才能稳定相机确保拍摄成功。

（二）白平衡的正确使用

1. 白平衡即色温，我们通常在拍摄的时候，把它控制在符合现场的光线色温，使所拍的景物得到准确的色彩还原。照相机上的白平衡分为自动白平衡与手动白平衡两种设置模式。

2. 自动白平衡

采用自动白平衡的时候，它是根据照相机的镜头测得的画面中现场环境的色温自动设置的，拍摄以后得到的影像色彩基本上与现场的景物颜色是一致的。

3. 手动白平衡

摄影的表现形式有纪实的，还有创意的。因此我们往往还要根据所拍的事物的意境来自定白平衡，自己根据画面寓意的

使用数字相机自动白平衡所拍摄的色彩效果　　使用数字相机调整白平衡所拍摄的色彩效果

冷暖色调来选择和设置色温的大小，从而正确地表现想要表达的画面效果。

五、掌控"宽容度"与"光比"，表现"层次"与"质感"

（一）宽容度与景物光比的关系

要拍好照片，获得一张层次丰富、质感上乘的影像，必须先要了解和把握好你所使用的感光材料的感光宽容度与所拍摄的实际景物的光比之间的关系。

1. 感光宽容度

（1）感光宽容度的应用功能

感光宽容度是指感光材料对光线的敏感程度，即在曝光时对景物的明与暗的细部所能记录和表现的极限程度；它是以所能够记录和表现的明与暗的比例关系来表示的。

（2）各种感光材料的感光宽容度

a. 银盐型黑白胶片的感光宽容度是 1 ： 128 左右

b. 燃料型黑白胶片的感光宽容度是 1 ： 160 左右

c. 彩色负片的感光宽容度是 1 ： 32 左右

d. 彩色反转片的感光宽容度是 1 ： 160 左右

e. 数码摄影用的芯片，它的理论值应当是 1 ： 256，然而由于当前对于它的光学物理性能还未能完全掌控，因此目前我们使用的 135 照相机的芯片的感光宽容度还只是相当于燃料型黑白胶片的宽容度，即 1 ： 160 左右；当下高端的 120 照相机 CCD 数字后背已经接近 1 ： 256 左右。

2. 景物光比

（1）景物光比的应用功能

光比，顾名思义，是指在两种强弱不同的光线下所产生的不同亮度的比例关系。

a. 光比在影室摄影中直接是指主灯与副灯的亮度比例。

b. 在影室中指被摄景物所接受的主光与副光的亮度比例。

c. 在自然光摄影时则是指被摄景物亮部与暗部的明暗比例。

（二）宽容度与被摄景物光比的掌控

画面的影调表现在景物的层次感和立体感，这些是与实际景物的明暗（即光比）有关。当景物的光比等于感光宽容度的时候，影像的表现力最佳。

1. 宽容度与光比不配的结果

（1）如果感光宽容度大于被摄景物的光比，则影像的层次和质感就表现出色。

（2）如果感光宽容度小于被摄景物的光比，所摄的画面影像就会缺少层次而表现不佳。

a. 如果按照被摄景物的亮部曝光，则会使景物高光溢出，亮部一片苍白，则没有层次、没有质感。

b. 如果按照被摄景物的暗部曝光，则会使景物低光溢出，暗部一片漆黑，也得不到层次和质感的表现。

c. 如果按照被摄景物的亮部与暗部的中间值（中性灰度）曝光，则会使影像中该是深黑色的部分变成了灰黑色，同时又使影像中该是纯白色的部分变成了灰白色，整个影像缺乏反差，缺乏生气。

2. 宽容度与光比的最佳组合

（1）当感光宽容度等于被摄景物光比的时候，整幅画面中影像的反差、层次、质感都将表现得无懈可击。这种情况在影棚里通过主光与副光的调整是可以做到的。

（2）当在自然光或是常亮灯光下拍摄，做不到感光宽容度等于景物光比的时候，尽量要让景物的光比小于感光宽容度，确保画面中的高光不溢出或低光不溢出，或该黑和该白的部分都不出现灰度。

（3）当被摄景物光比大于感光宽容度的时候，采取以下两种方法调整光比：

a. 用半透明或亚光的东西（如泡沫板、白布、白纸等）对亮部遮挡减光；

b. 用亚反光的反光板（如泡沫板、白布、白纸、亚光的锡纸等，但是忌用全反光的镜子、镀铬材料、反光的锡纸）。

（4）还需要记住，除了拍摄高调照片，在其他任何摄影中，被摄景物的光比均不能小到1：1，因为那样景物的形象就没有立体的视觉感了。

（三）数字摄影的峰值曲线图

在现代的数字摄影中，曝光后影像的亮部和暗部的层次和质感的表现，是用曝光直放图的峰值曲线显示的。我们在数字照相机的曝光显示菜单中，可以看到曝光直方图。

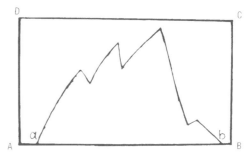

数字摄影曝光直方图

（1）直方图的左下角的顶点 A 代表了影像中有细部层次的最暗部分，右下角的顶点 B 代表了影像中有细部层次的最亮部分。

（2）如果说直线 AB 象征地面、DA 与 CB 就象征地面两边砌的墙面，那么数字图像在直方图中的最佳表现状态，应当是让这根图像曲线的左右两个端点都要 "到墙根而不砌砖爬上墙"。

a.最理想的是这根图像曲线的左右两个终端分别落在 A 点和 B 点上（即到墙根），因为它显示了图像的亮部层次和暗部层次的最理想的效果。

b.如果右端向上爬到右墙 CB 上，就是我们平时常说的 "高光溢出"，画面就会一片苍白、亮部毫无层次。如果高光溢出的话，这部分的数字图像就会失去基本的像素，这样的话，后期 PS 也是无能为力的。

c.如果左端向上爬到左墙 DA 上，则是 "低光溢出"，一片死黑，暗部一点层次都没有。低光溢出后的这一部分数字图像也会损失暗部的像素，这样后期 PS 图像处理同样是难以挽回的。

d.如果这根图像曲线的左右两个终端都没有 "爬墙"，却又都远离开 A 点和 B 点而落在地面上，那么可以肯定，这个图像的影调和色调都较差，所有景物的最大密度为灰黑，最小密度为灰白，整个影像的灰度很大；因此画面明暗反差过小而缺乏生气。

e.这根图像曲线中的峰值高低代表了影像色彩的饱和度：曲线中的峰值高，说明影像的饱和度较大；曲线中的峰值低，说明影像的饱和度较小。

六、运用 "透视" 与 "景深" 去发现美和表现美

作品《南沙滩》把原来用眼睛看上去只是在海风和夜雨中形成的一堆不足 4 平方米的沙滩，在 3 米的摄距，使用 135mm 中长焦距、f/2.8 光圈进行拍摄，达到了 "横向的山脉"

南沙滩，潘锋摄

与其前后"山系"的虚实的效果。拍摄者选择了一个较偏右的视点，并且用手挖掉一些沙子，大照相机放在底下小仰角拍摄，将原本大小、高低均差不多的沙堆，拍成了近大远小，近高远低，近处清晰、远处朦胧的山水景象，犹如在飞机上航拍的富有宏大气势的山岳风光照片。回来以后，拍摄者在暗房手工放大制作的时候又故意用滤色片让它偏青绿色，做成这么一幅仿国画色彩的古韵风光作品。

我们一行六七个摄影人同去浙江省舟山群岛的朱家尖采风。当时大家都路过这片沙滩，但看到的只是一个个前夜被雨水淋湿的大小高低差不多的小小沙堆，所以没有产生兴趣，这是因为大家只是机械地用自己的眼睛去直观地看待事物，发现不了它隐含着的创意之美。其实我们对于事物观察的方法，不只要用眼睛去看，而更需要用你的脑子仔细思索后去"创造地看"，即运用摄影艺术的技术技法（怎样利用透视的视角与效果、怎样运用镜头的焦距与景深）去构思和创作。

要学会运用"第三只眼睛"对各种事物的观察力和镜头感、对各种技法的应变力和表现感，细细地观看和思索，如何改变人眼的标准焦距，怎样突破常规的拍摄视角，从而来发现美和创造美。确实，我们也经常听到摄影人说"摄影家具有第三只眼睛"，可是，你有没有想过这"第三只眼睛"究竟是什么呢？"它不就是照相机嘛。"这样的回答是不完整和不准确的。因为我们说的这"第三只眼睛"不是作为工具的照相机，而应该是摄影人精明的眼光，灵活地运用照相机的技术与技法。因此，摄影人应该具备以下四个要素：

（一）用"第三只眼睛"去发现美

准备拍摄的时候，先要对事物有敏锐的观察力、判别力以及创想力。我不太赞同那种随性的"跟着感觉走"的拍摄理念，也许这是摄影数字化以后拍照无成本的造化。其实你所看到的纷繁事物，不是什么都具有可表现性的。我们一定要对事物的拍摄价值（表现价值）具有判别的眼力和创意的想法。

（二）选择机位与透视角度

1. 确定了所要拍摄的事物以后，则要选择好被摄画面所需要的景别，安排好画面主体形象的表现力。

2. 对于众多大小高低差异不大的景物，需要根据拍摄的距离，通过仰视或俯视，使景物产生不同的形象，来选择水平距离和垂直高度上的最佳拍摄视点。

（三）根据所拍的内容选择好焦距、光圈与快门

1. 要根据所需的画面来控制景深范围（运用拍摄的距离、不同焦距的镜头、光圈系数的大小）掌握好画面影像的表现力。

《维纳斯，潘锋摄

《棒打维纳斯》是一幅诙谐的批评性照片。说起维纳斯，可以说世人皆知，她是女性美的化身和象征。记得在20世纪70年代末到80年代的中后期，社会上曾经出现过这样一些"靓妹"，她们花枝招展、浓妆艳抹，有的脸上的粉底霜涂抹得就像刚刷的白墙，有的口红涂得又像才出的鲜血，有的鼻梁上架一副不揭商标贴签的墨镜、穿着裤脚拖地的喇叭裤，有的甚至在大街上就身着比蝉翼还轻薄透明的吊带衫，袒胸露脐地招摇过市；此时她们的脸上好不得意，可谓"超一流的媚艳"。可是仔细想来，一流总还不是第一；于是又朝思暮想，如何再包装、怎样赶潮头，面对无语的维纳斯喃喃自语："怎么人们都说你维纳斯美，可你双臂全无、残肢断手的怎么竟成了大家心中的经典呢？"接着就气宇轩昂地举起了手中的大棒无情地砸向了这美之化身。

这里，作者在拍摄的时候运用了长焦距加大光圈而获得了较小的景深，使维纳斯虚化，隐喻着这样的无知的可怜者，全然不懂得美，也看不清美的视态与结果。真可谓，朝思暮想越潮头、超时髦，嫉妒棒打无知更徒劳。

2. 要针对各种动态的事物，选用照相机上不同档位的快门，去表现事物清晰的静态或是动感形象。

（四）掌握滤光镜的使用技巧

用橙红色滤光镜调整画面中植物与
空、白墙与水面之间的反差

使用黑白胶片加纯红的滤光镜来强化景物的反差，呈现木刻般的影调效果

要会用滤光镜来改变光线对画面影像的反差，用它来调节画面中的亮部或是暗部细节的层次和质感。

因此，摄影人必须要用大脑对眼睛所看到的各种事物加以分析判断，调动镜头、运用技法、应用透视、设计景深、利用线条、配好光比、控制影调、营运色彩、调整色温，来反映和拍摄想要表现的画面意境。

艺术大师罗丹说："美是存在的，就看你是否能发现美。"我们每一个摄影人都应当理解：你只有发现了美，才有可能去表现美和创造美。

思考与练习：

1. 纪实摄影有哪两条基本原则？

2. 创意摄影的指导思想是什么？

3. "红"与"绿"这两种色彩象征性的寓意是什么？

4. 创作一幅根据自己想法实践拍摄的观念作品。

5. 通过学习本教程第三章中各种滤光镜的功能与作用，来思考"生灵的呼唤"系列组照是怎样在13:30~17:00的太阳光下，拍成灰黑色的低调作品。

6. 请参照"光影上海"系列组照中的图文，尝试拍一组虚实相映的作品。

第八章　摄影艺术理论

一、摄影作品的两大表现形式

（一）纪实摄影

1. 纪实摄影的本质特征

纪实摄影是一种现场实录式的摄影。它以"两不"为原则：一是不干涉被摄对象，二是不破坏现场的环境与气氛。纪实摄影摄录的是事物的客观形象，因此它是"客观的原生态的写真"。右图这幅纪实作品摄于20世纪末的一个国际防灾与安全会议，讨论桌上两位持不同观点的与会者，一位不屑一顾地闭目背坐，一位握着拳无趣地低头沉思。为不影响这高级别的会议，不影响此时的环境与气氛，作者运用现场的光线抓拍了这张照片，淋漓尽致地表现了两人那无奈与不乐的神情和傲慢的心态。

纪实：傲慢、偏见与无奈之举

2. 纪实摄影的拍摄题材

纪实摄影以新闻摄影为代表，除此之外还有军事摄影、科技摄影、社会生活摄影、民俗庆典摄影、体育摄影、舞台表演摄影、会务报道摄影及建筑与自然风光等题材的摄影。

历史演义——纪实摄影作品《乒乓外交的践行者亨利·基辛格》

中华人民共和国成立后，美国对中国采取了封锁、孤立政策，两

乒乓外交的践行者亨利·基辛格，潘锋摄

国民间交往也完全隔绝。20世纪60年代末，国际形势发生了巨大变化，1969年尼克松就任美国总统后，为了摆脱越南战争泥淖的困境，改变当时苏攻美守的战略态势，谋求发展对华关系，两国关系开始松动。1971年春，第31届世界乒乓球锦标赛在日本名古屋举行，美国乒乓球队访华，打开了两国人民友好往来的大门，中美关系翻开了新的一页。"小球转动了大球"，乒乓外交推动了世界形势的发展。《乒乓外交的践行者亨利·基辛格》充分体现了中美关系从"乒乓外交"起开始破冰解冻，随后促成美国最高层的访华，发表中美联合公报，两国建立了外交关系。因此，这张照片所传达的信息和价值远远超过了照片上画面本身的形象与内容。

激励纪实——纪实摄影作品《我要读书》

我们不乏赏心悦目的摄影艺术作品，但我们更需要呼唤人之心灵，能影响和推动社会进步的力作。

我要读书，解海龙摄

1991年，时任《中国青年报》摄影记者的解海龙，在安徽贫困的大别山区拍摄了大量纪实摄影作品，其中最为著名的就是《我要读书》。这幅作品真实记录和反映了农村孩子渴望读书的愿望，1989年便在全国掀起了一个伟大的"希望工程"，由此改变了数百万农村贫困家庭孩子的命运。画面中，光线透过窗户照在课桌上，小女孩沉浸于学习的状态中，显然"无视"镜头的存在，极朴素的着装，那并不细嫩的小手紧握着铅笔，天真无邪的神情，干涸的嘴唇……凝视照片时，直觉便会告诉我们照片中的孩子迫切祈盼的是什么，我们要为她或他们做些什么。作者用照片引起社会对贫困地区孩子们的关注，让我们了解这些孩子的状况，并呼吁大家伸出援手，献出爱心。同时，这张照片具有深深的教育意义。照片中的这些孩子在非常艰苦的条件下仍然努力地学习，我想，拥有优越学习生活环境的城市孩子以及他们的家长看到照片应该是有所触动的。

从技法角度来看，深灰色调的环境衬托着小女孩浅色调的脸，丰富的影调层次使女孩明亮而渴望的眼神更具表现力；正面近景以较低的角度拍摄，充分完整地交代了小女孩渴求知识的专注神情；光线运用紧扣主题，左上方投来的光线照在桌面，反射至女孩脸上，突出了眼神光的表现；虚实结合加强了空间感，虚化的前景自然而然地将我们的注意力引导到画面的中心——大眼睛。照片中身穿破旧衣服、头发蓬乱的小姑娘，那双明亮的大眼睛流露着热切的情感与呼声——"我要读书"。解海龙先生多年来深入中国贫困地区，足迹遍及中国26个省、120多个县，采访了数百所农村学校、上万名农村学生和乡村教师，拍摄发表了数百幅具有强烈感染力和震撼力的农村教育题材的作品，为我国乡村教育面貌的改变，特别是农村教育的改革，起了很大的推动作用。

纪实藏族藏历新年的晒佛节

纪实藏族夏季的插箭撒龙达

3. 纪实摄影的表现手法

（1）纪实摄影一般不使用焦距很广的超广角和鱼眼镜头使画面过于夸张，通常也不使用那些花哨的效果镜。

（2）纪实摄影强调一个"真"字，真情实感是纪实摄影的本质特征，因此也不要对被摄人物进行摆布与干涉，或随意改变场地与环境去拍摄。

风格肖像——赏乔治·洛蒂摄影作品《周恩来总理》

　　摄影是一种极具实践性和操作性的工作，自摄影者的指尖按下快门发出声响的一刹那起，摄影者的摄影技巧、用光构图、认知力、经历以及对被摄对象的了解便凝固于瞬间。摄影又具有极大的偶然性，如何让这种偶然变成心中所期待的必然，用手中的相机将被摄对象的本质特征生动再现，则凝聚和展现着摄影者的灵感、情感、理念、心灵和智慧。

　　《周恩来总理》是一幅令人难忘的新闻人物肖像摄影作品，是意大利摄影记者乔治·洛蒂于1973年第一次见到周恩来总理时所拍摄的。这张照片所捕捉和体现的是周总理的坚毅和信心，深深地感染和震撼了我们。试想，一个外国人，在从未见过被摄对象的情况下，是如何拍出获得大家一致公认的优秀作品的呢？这是一幅典型的由作者心中的期待所产生的作品，据作者洛蒂介绍，他一直想有机会为总理拍照，通过阅读大量的文献资料，洛蒂在见到总理前已经基本确立了心目中的形象，并急切地想用手中的镜头将心中崇敬的周总理形象刻画出来。而事情并非那么简单，1973年周总理在人民大会堂会见外国代表团，时为意大利《时代》周刊摄影记者的洛蒂，进入接见厅后便一直在观察环境、光线、设施、布局，并揣摩为周总理拍照的位置。当总理告别客人时，洛蒂提出要为周总理拍照，征得总理同意后，洛蒂便根据先前观察的结果，请总理坐在沙发上。由于心情紧张而急切，洛蒂在总理刚刚坐下时就迅速地拍下一张，但他立刻意识到，刚才那张照片无论从拍摄角度，还是总理的姿势神态，都不能充分表现出他心目中所敬仰的周总理的风采，未达到他心中所期待的效果。正在这时，总理的工作人员在大厅门口叫了总理一声，总理上身向左略转，脸向左侧转动，当总理的目光投向工作人员的瞬间，洛蒂抓住这偶然获得的机会，迅速地第二次按下快门，随后礼貌地向周总理道谢并离开了拍摄点。

　　摄影离不开灵感和想象，这种灵感只能来自摄影者内心的自我培育，来自摄影者对历史、文学、美术等不同领域的知识积累、修养和凝聚，并在瞬间将自己长期积聚的"能量"释放在每一张作品中。因此摄影是瞬间记录，有它的偶然性，而洛蒂对第一次拍摄结果的不满意，到第二次按下快门的瞬间把握，则又是偶然中的必然。我们可以体会，一个摄影记者如果没有一种超乎寻常的观察力和认知力，是无法完成这幅经典之作的。

　　最后，我们从技法角度来分析这张作品。照片中的周总理处于深色的背景中，暗示着当时总理所处的环境；斜三角形构图稳定而不显得呆板，象征着总理一贯的为人处事风格；还有一个细节便是画面左下角的那只白色杯子，据说是作者自己有意放置的，有了它，从技术上来看，照片的整体色阶表现就更加完美。

1974 年，乔治·洛蒂拍摄的这幅经典作品《周恩来总理》荣获了普利策新闻摄影奖。

周总理的夫人邓颖超同志曾经说："这是恩来最喜欢的一张照片。"著名诗人公刘对这一张表现了总理典型精神风貌和形象特征的影像，这样颂扬道："记不得曾经有过什么照片，能使我如此激动，难以自持；但既非倾泻脆弱的泪滴，也非慷慨陈词……仰之一分有损您的谦逊，俯之一分有背您的质直；那面颊和手背的老年斑啊，也仿佛都是些傲霜的梅枝……"

（二）创意摄影

1. 创意摄影的本质特征

创意摄影是以创作为指导思想，张扬个性艺术、表现风格流派的创造性摄影。创意摄影不像纪实摄影那样有许多清规戒律，但它较强调用光、构图等美学造型元素，特别注重构思立意和艺术思想的表现形式。创意摄影讲究光线、光比、明暗、反差等画面的影调与色彩，重视被摄景物的形体、排列、质感等，尤其是着力刻画事物的内涵和对画面意境的表现。

木纹与痕迹之印象

树之切面可见其岁月与时光的年轮，
而木之平面常可观其刻似自然与景观的物象，
从而给人以形象之生动、想象之无限的物语。

河滩水杉　　　　　　　　　　　　　　　　　　　渔帆休时

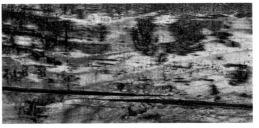

潮波滩涂　　　　　　　　　　　　　　　　　　　河谷景观

2. 创意摄影的拍摄题材

创意摄影所涉及的题材要比纪实摄影广泛得多，如静物摄影、创意广告摄影、创意小品摄影、抽象摄影、观念摄影、画意摄影等。它还可以把纪实摄影中的一些题材，用创意的手段来表现而成为创意作品。

仿版画效果的画意摄影《水乡》

仿水墨画效果的画意摄影《水乡》

形象寓意——李英杰意象摄影作品《稗子与稻子》

小品摄影多以细小的事物为表现对象，如树叶、水珠、草木、石头、小桥流水或日月星辰……

小品摄影具有鲜明的个性特性，它所表达的往往是作者内心思想和个人见解。摄影小品的创作，表现的往往不是被摄景物的本身，而是将其形象作为引子，赋予它更多更深的思想和内涵。

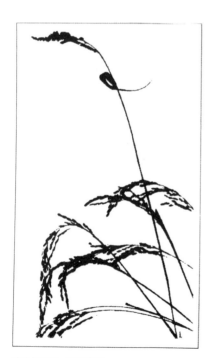

小品摄影中的具体的景物只是用作借题发挥的表象，寓意才是小品摄影所要表现的本质。稗子与稻子是两种外形相似的植物，作者的创作意图并不在于稗子与稻子的本身，而是借景抒情、录此叙彼地表达作者对人生哲理的认识，即真正有才干和学识的人就像这谦恭的稻子虚怀若谷，胸无点墨、腹中空空的稗子却是那样故作姿态、趾高气扬而招摇过市。稗子与稻子的这种"性格"在社会的现实生活中也是屡见不鲜的，该作品所演绎的现象让我们每一个人都以其为一面镜子对照人生。

稗子与稻子，李英杰摄

3. 创意摄影的表现手法

比如运用横向追随和纵向追随的手法把纪实的体育摄影、人物活动摄影、生物摄影拍摄成带有动感和爆炸效果的画面，在夜景建筑摄影中采用慢速快门把行进的车辆拍成流动的轨迹，把自然风光摄制成素描、炭笔画、沙画、水墨画、水粉画、油画、版画等效果。总而言之，创意摄影是一种主观的艺术创作表现形式。例如下面"光影上海"系列中的两幅作品就运用一种光影向空间移动的技术技法。又如两幅"水墨云山"是以天上飘浮的云海为创作题材所摄，并在后期将画面调成黑白的影像，呈现出中国水墨画的效果。

光影上海——《扬帆》

光影上海——《腾飞》

水墨云山——《寒霜托秀峰》

水墨云山——《汽蒸呈雪山》

二、摄影画面的影调、色调与情调

（一）画面的影调与色调

1. 影调：通常是指黑白摄影中的影像基调。早期黑白摄影根据影像中黑、白、灰的多少和光线的明暗比例，把影像的调子分成高调、中间调、低调三种表现形式。

影调——低调作品

影调——高调作品

意境表达——尤素福·卡什意象作品《史特拉汶斯基》

史特拉汶斯基，尤素福·卡什摄

影调、色块，永远是构成摄影作品的不可或缺的元素，它可以表现画面的基调和层次感，还可以起到支撑和平衡画面的重要作用。在这幅摄影作品中，尤素福·卡什以黑、白、灰三个色界的块面构成了整个画面，那凸显的黑色钢琴面板高高地竖起在右画面之上，给人以既重又大的向下的压力，打破了画面左右的平衡度。然而作者巧妙地在画面的左下角用这位钢琴家史特拉汶斯基作为"秤砣"，来平衡那左右失去平衡的结构，从而给人以稳定的视觉感。

作品以黑白的形式象征着钢琴的键盘色以及它所发出的音律的强劲节奏，而此时，这位钢琴演奏家的形象正暗示着他在那巨大的韵律面前的聆听、思索和共鸣。翘起的琴盖、琴盖与琴架的支点、人物形成了一个稳定的三角形，给我们一种安详、稳定的心理感受。

有趣的是，史特拉汶斯基原本只是一位一般的钢琴演奏者，尤素福·卡什的这幅《史特拉汶斯基》使他成了一位知名的钢琴演奏家了。

黑白印象——安塞尔·亚当斯的力作《月升，新墨西哥州》

欣赏美国著名纯粹主义摄影家安塞尔·亚当斯的风光作品时，我们透过纯净的黑白影调、丰富的纹理表现和强烈的质感效果，感受到作品中流露出的壮美中不失细腻的韵律和音乐般流动的明暗节奏。他的作品之所以具有如此强烈的表现力和丰富的影调控制力，主要是建立在他的审美把握和他所创立的拍摄曝光理论——区域曝光法的基础上的结晶。

《月升，新墨西哥州》（拍摄于1941年）是安塞尔·亚当斯的巅峰之作，这幅作品被誉为人世间最美妙的月光曲。皎洁的月亮悬挂在深色的天空，而即将消失于地平面的太阳依然照耀着村庄、起伏的山脉以及天空中飘动的白云，慢速快门使云的形态灵动隽逸，远方的雪山、近处的墓碑在直射阳光的作用下格外明亮。整个画面如同交响诗般恢宏壮美，象征着日月轮回，生生

月升，新墨西哥州，亚当斯摄

不息。作者使用大型座机拍摄，光圈 f/32，曝光 1 秒，并用滤光镜压暗天空。后期冲洗时用超微粒 D-23 显影液稀释，结合水浴法反复十多次，最后对底片地面太薄处加厚，放大时再进行了局部遮挡加光，一轮皓月终于从纯白到漆黑的丰富影调中惊艳浮现，成为永恒的经典。

摄影百科《The Photography Catalog》（1976 年美国 Harpe & Row 公司出版）提到亚当斯时这么说："当你站在一张安塞尔·亚当斯的照片前，就无法不为他那技术上的纯粹铺张与华丽所淹没，那没有粒子的照片，提供了外观无限丰富层次的色调，从纯白色到漆黑。" 亚当斯是纯粹主义摄影流派的代表，纯粹主义摄影强调摄影应具有自己独立的艺术语言，强调充分发挥摄影特有的素质，用纯净的黑白影调清晰细致地表现被摄对象，而不应模仿绘画。亚当斯就是抱着这样的宗旨用大型相机拍出几乎无颗粒的自然风光照片，这里要特别提出的是，亚当斯在完成作品之前就已对最终达到的画面效果胸有成竹。拍摄之前，他会先对所拍场景进行严密的分区测光，并综合测光的读数进行曝光设定，再结合暗房冲洗印放技术，达到他原先设想好的画面效果。

亚当斯和由威斯顿等人创立的 f/64 摄影小组，旨在用极小光圈（即 f/64）获得极大景深效果，他们强调画面不能因景深的原因而模糊。因此，在极小的光圈作用下，巨幅照片里由近至远的每一个细节都极为清晰，那些花草树木以及石块的细腻质感都淋漓尽致地展现在我们面前，读者站在他的照片前，既可以感受到一种身临其境的真实感，又仿佛游离在黑白影调的梦幻中。

亚当斯的足迹遍布美国的山村原野，用那些经典的影像为美国的国家森林公园的设立提供了最基础和最直观的资料。

2. 色调：色调是彩色影像的基调，我们根据色彩的深浅和光线明暗的比例，把彩色影像的调子分成高调、中间调、低调三种表现形式；但是同时又根据色相的冷暖，把彩色影像分为

冷色调、中间色调、暖色调三种表现形式。

色调——暖色调　　　　　　　　　　　　　　　色调——冷色调　　　　　　晨曦色调的变

（二）画面的色调与情调

1. 风光摄影应该有个基调，这个基调可随着季节、气候及时辰的不同而进行选择。比如夏天可多用些冷色调去构成，这样的画面会在酷暑中给人以凉爽的感受；冬天可多用些暖色调来构成，这样又会在严寒中给人以温暖的感觉。

2. 夏天的草原、冬天的冰雪，是冷色调；金秋的银杏和红枫，是暖色调。

3. 在晴日里，晨、昏中的光线是低色温的（暖色平衡），会使画面呈现出暖色调；而在阴雨天和冰雪天中，色温偏高（暖色平衡），画面就成为稍许偏冷的色调。

4. 阴雨天虽是高色温，但也可以借用滤光镜，使用琥珀色的降色温的雷登片或是橙红或橙黄色的滤镜来改变它的色温，使照片的画面呈暖色调。

春　　　　　　　　　　夏　　　　　　　　　　秋　　　　　　　　　　冬

"经济"观点，杭州虎跑，1985年，潘锋摄

《"经济"观点》是一幅写意性小品。这类作品是把人们的普遍活动、普通生活运用一种非写实的表现手法，借鉴现象，寓意某些哲理，给人们以警示和教诲，对谬误进行揭露和鞭挞，以正社会道德之风。这幅作品拍摄时为阴天，拍摄者运用超广角镜头贴近水面，对着所有人在水中的倒影构图，此时的光线隐去了那个时代冬日里年轻人穿着的显眼滑雪衫的艳丽色彩，而变为现在这样诙谐的影调。曝光则以水下的钱币为标准，因而使这些"欲得利者"成为黑色的幻影，以表达批评性摄影作品的情感色彩。

5. 人物活动类的纪实摄影，我们可以根据画面所要表现的主题，运用白平衡的色温 K 调整和选择成符合图像所需的情调来表现作品的意境。

把白平衡调得稍偏暖色调，表现她的喜悦心情

把白平衡调得稍偏冷色调，表现雨雾的气氛

三、画面的色彩情感和景物的质感

（一）画面的色彩情感

各种不同的色彩能够给人以不同的视觉效果和情感印象，人们常说"感情色彩"，就是说色彩是带有感情的。

1. 红色：象征热烈、喜庆的意境，似火一般的热情与激情；同时它又是一种警示的色彩，具有十分强烈的视觉吸引力。

作品《双龙喜日满天红》拍摄时加用了一块大红的滤色镜，使整个天穹呈现了红色；并且使用了 28mm 的广角镜头加仰摄，使这两条原本同样大小对称的树龙产生近大远小、近高远低的透视比例。两条龙之间的枝节同沐金色的阳光。

2. 橙色：象征温暖和阳光的感觉，给人以温馨、和谐与美好的视觉色彩。

双龙喜日满天红，南京，1983 年 6 月，潘锋摄

夏日的太阳照射在清寂的海岛上，辉煌的山岩散发着刺人的光热，海面上轻轻荡漾着波浪。环境之旷静，大气之酷热，天时地利，为投入情海恋屿中的山伯和英台营造了绝佳的景地。一缕金色的阳光覆盖在老虎滩伸向渤海湾远处这 LOVE 岛上，只见一朵红色的蘑菇云下，一对情侣坐在灼热的礁石上，尔依我恋情深意笃，倾吐着衷肠，许下山盟海誓："苍天大海永不分离，海枯石烂永不变心。"此时海面上的波涛正激起那阵阵白色的浪花，簇拥着他们纯洁的爱情。

3. 黄色：纯黄色象征着光辉或贵重；金黄色象征着至尊至贵的形象，给人以强势之感；暗黄色则寓意污秽和淫秽的色彩。

4. 白色：象征素雅、纯洁、明朗的感觉。白色具有最大的明度，寓意着光明的、积极的、进步的、向上的精神色彩，它具有视觉外延的弥散性。

5. 黑色：象征着庄严、低沉、凝重的视觉感受，常给人以庄严肃穆的形象或历史的沧桑感。

山盟海誓，潘锋摄

象征意义——陈复礼的摄影作品《战争与和平》

中华人民共和国刚刚建立，以美国为首的联合军队介入朝鲜战争，严重地威胁着我国的安全，破坏我们的建设事业。中国人民志愿军赴朝进行抗美援朝，志愿军战士在前线浴血奋战，工人农民在后方生产劳动，文艺

战争与和平，陈复礼摄

家上前线慰问演出。我国的摄影大师陈复礼用摄影的影像，创作表达了人民对发起战争者的愤怒、对和平的渴望与热爱。

画面中用铁丝网、带有阴霾的天空渲染战争的气氛。那一对白鸽象征着世界人民的和平愿望，尽管白鸽面前是层层铁丝网的羁绊，但不畏恐怖的和平鸽终究会冲破战争的樊笼，展翅飞翔在阳光和蓝天上。作者以"战争"与"和平"这样一对矛盾体，揭示时事的发展规律和趋势。画面中那含蓄、抒情和令人深思的意境，也正是摄影家思想与艺术创作的体现。

6. 绿色：象征着生命与希望的感情色彩，给人以活力和健康的视觉心理。

生命是万物之灵，生命让世界生气蓬勃，生命使宇宙生辉不息。它会诞生和延续，并发育、成长、壮大；它也有生老病死；它遵循客观规律，从初期经过盛期走向衰老而身亡；生命在有生之时孕育新的生命，并为社会而献身。

生命，潘锋摄

作品《生命》就是寓意着这么一种哲理的小品。深秋雨后的沙地上，只见一片飘落的枯叶凄凉地静躺在冰冷的湿沙上，一个生命走向了终点。可是就在此时，一个新的幼小的绿色生命不畏瑟瑟的秋风和早霜的寒意正破土而出，来到这世界上探寻生活之路。褐色的枯叶和嫩绿色的幼苗相互仰望，倾诉着生命的春秋；彼此代谢，晨昏朝夕，演绎着历史的沧桑，谱写着生活的哲理。

7. 紫色：象征着高贵和傲慢的情感华彩，给人以幽然暗香、孤芳自赏和自命不凡的气度。

8. 蓝色：寓意着诗情画意般的遐想和蓝天白云似的浪漫，时而展现为流畅，时而又表现为深沉的视觉联想。

（二）景物的质感表现

1. 质感是物体的表面肌理，如形体的大与小、色泽的深与浅、表面的光滑与粗糙、感觉上的滋润与干枯、质地的坚硬与柔软等。

漆斑影像——《金沙贝滩》

漆斑影像——《风吹瑶池》

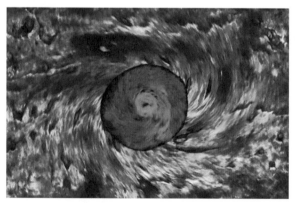

漆斑影像——《狂暴黑洞》

漆斑影像——《秦岭山脉》

2. 上乘的摄影作品不仅需要好的视角、构图、用光、光影与色彩的表现，而且要有好的质感表现，体现图像那高度乱真的记录性，并使之在平面构成的画面之中有着很好的立体视觉感。

3. 其次是要让被摄景物的质感表现在观赏者的心理感受上。例如让人对图像中美丽的花朵似闻之香味，对柔滑的丝绸质感犹如手指抚摸，对广告食品中的质地之表现产生欲念，产生尝试的欲望。

4. 静物摄影、广告摄影、产品摄影、小品摄影通过景物与画面的质感激发起人们丰富的遐思和联想，使作品的形象和意境得以升华。

景物的质感表现　　　　　　　　　　　　　　　　　　　　　　　　景物的质感表现

《生灵的呼唤》系列

胡杨，一种古老而又神奇的树木，维吾尔族称之为托克拉克，意为最美的神树。它无论是在河湾边，还是在原野上，甚至在盐碱地里，都能入乡随俗而安营扎寨。

犹见洞人魂凄凄　　　　　　　　　　又遇元某悲苍苍　　　　　　　　　坐鹿仰穹无哀声

夕阳谢幕天地转

沉沙折戟难回天

悲惨世界在呐喊

野模走秀赴天国

　　胡杨，生时根深叶茂，生机盎然又婀娜多姿、意气风发，死后百年不倒、永垂不朽又千姿百态。如今斗转星移、世道沧桑，人对住地的过度扩张，特别是过度的垦荒和超量的放牧，造成了现在这种失衡的生态，使胡杨——我们地球村中的一族已难以维系其生存和繁衍了。今天，我们已看到了胡杨，它那千年轮回的生灵，正在向它的朋友——地球村中的智者呼唤着生命希望。

　　系列片《生灵的呼唤》运用评判性的悲剧色彩，即低调的形式和手段，以形象的画面和哲理的寓意，采用既现实主义又超现实主义的艺术手法，提示被我们遗忘和忽视的西部高原的生态与环境，呼唤地球上的公民关心这些已失去绿色原野的生灵。

图书在版编目（CIP）数据

摄影用光与构图 / 潘锋编著 . -- 上海：上海人民美术出版社，
2023.5

（高等院校摄影摄像丛书）

ISBN 978-7-5586-2671-5

Ⅰ . ①摄… Ⅱ . ①潘… Ⅲ . ①摄影光学—高等学校—
教材②摄影构图—高等学校—教材 Ⅳ . ① TB811 ② J406

中国国家版本馆 CIP 数据核字 (2023) 第 057502 号

高等院校摄影摄像丛书

摄影用光与构图

编　　著：潘　锋

责任编辑：朱卫锋

设　　计：王美红

排版制作：黄婕瑾

技术编辑：王　泓

出版发行：上海人民美术出版社

　　　　　上海市闵行区号景路 159 弄 A 座 7F

　　　　　邮编：201101

网　　址：www.shrmms.com

印　　刷：上海丽佳制版印刷有限公司

开　　本：787×1092　1/16　6.5 印张

版　　次：2023 年 6 月第 1 版

印　　次：2023 年 6 月第 1 次

印　　数：0001–1720

书　　号：ISBN 978-7-5586-2671-5

定　　价：58.00 元